Health Experts

Vitamin 維他命 吃對了才健康

胡建夫 ◎著

原書名：維他命這樣吃才對

推薦序

力而美企業有限公司——顧問藥師　沈永慶

大家都知道吃維他命很好，但要怎麼吃？何時才要吃？會不會吃太多？有沒有副作用？大多數人對於這些問題的答案仍然莫衷一是，因此有人把高單位維他命照三餐服用結果維他命中毒；也有人是想到才吃一顆，結果是三天打漁兩天曬網徒勞無功。

現代工商社會繁忙而競爭，因而消耗體內大量的維他命及營養素，但過於精緻的飲食和不均衡的外食更讓人補充不到足夠的維他命和營養素，如此經年累月的堆積，伴隨而來的是疲憊、虛弱、皮膚粗糙、快速老化、禿頭、性無能等，令人聞之色變的癌症和腫瘤、肝硬化、腎發炎等要人命的疾病也悄然登門。因此，如何補充維他命和營養素來保持身體健康儼然已成為現代人必修的保健學分。

本書以淺顯易懂的字句讓讀者了解維他命和營養素在日常生活中扮演的角色，那些疾病是因缺乏維他命引起？要如何補充維他命和營養素？那些食物蘊含豐富的天然維他命和營養素，以及坊間常見健康食品的功效，本書都有詳盡的介紹。

藥師的工作除了為患者調配藥品之外，也負責為患者提供解釋和說明藥品的功能和效果，因此平時不斷的充實補充相關知識格外重要，本書也是值得向藥師和醫師推薦的一本工具書，詳盡的說明足以提供專業人士參考。筆者身為藥師常為患者費盡唇舌糾正和教導正確用藥觀念，教育患者如何服用維他命和營養素也是藥師的職責，有了這本書我想身為藥師的筆者可偷懶一下讓患者自己買來一看便知究竟了。

前言

別輸在起跑點上

在充滿競爭壓力的現代社會中，擁有健康的身體是致勝的基本條件。不論立下的志向是叱吒商場的企業家、縱橫政壇的民意代表、作育英才的教育家，甚或只想當一名為生活打拼的市井小民，如果沒有強健的體魄，所有的夢想都僅是鏡花水月。

值得慶幸的是，維他命的研究日趨進步，就忙碌而無暇保養身體的人來說，不啻是一大福音。除此之外，先天體質較弱或孕婦、兒童等，都能藉由補充維他命而有所幫助，若能再善加注意日常飲食，做些運動並保持心情愉快，相信您已經掌握了「贏」的先機。

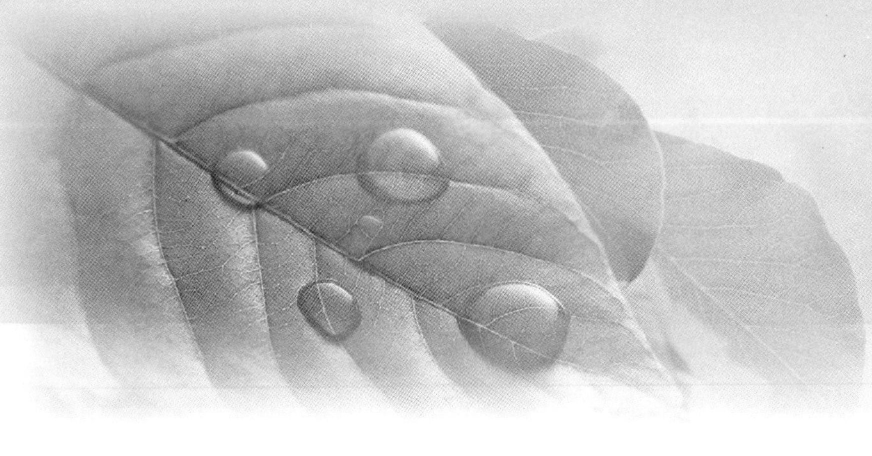

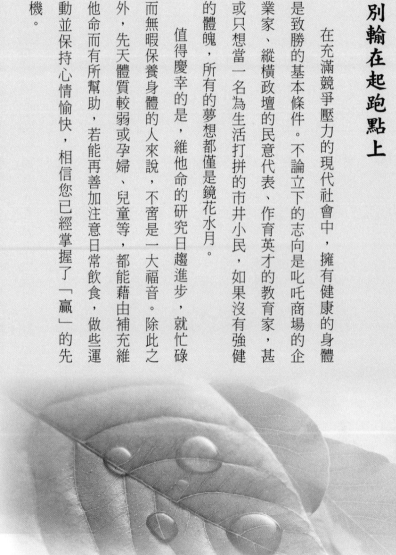

不過，即使是仙丹妙藥也有正確的使用方法，對人類有益的多種維他命和琳瑯滿目的健康食品，近年來在市面上大行其道，除了提供便捷的營養攝取之外，是否也可能造成身體的不適及負擔？

如何吃得好、吃得對、吃得巧？本書以輕鬆又不失專業的口吻，一一為讀者道出。內容包括：「打開維他命的黑盒子」、「靠他維命」、「您的觀念及格嗎？」、「時髦的健康食品」等，輔以生動有趣的生活小故事，讓人更輕易的了解其中內涵。

最後，筆者要感謝力而美企業有限公司董事長鍾永鴻先生的鼎力協助，讓本書得已順利完成。力而美的專業保健食品行銷國內多年，素有口碑，對於國人的健康貢獻良多，更符合了本書宗旨：健康活力，快樂一生。

目錄 Directory

目錄 Directory

4 時髦的健康食品

Chapters 1

打開維他命的黑盒子

近年來坊間出現了琳瑯滿目、各式各樣的維他命，對忙碌的現代人而言，似乎益發炙手可熱。有許多的商品，諸如食品、飲料，甚至化妝品、沐浴精、眼藥水等，都以添加維他命為號召，由此不難發現維他命受歡迎的程度。

維他命具有多種功能，如果可以直接經由食物攝取足夠份量的維他命，是最好不過的，可是卻不容易。所以在仰賴食物之外，不足的部分依靠維他命補充，未嘗不是個好方法。畢竟維他命劑中所含的維他命，不像食物容易在運銷、調理過程中流失，而且也被製成易為人體吸收的狀態。

目前在市面上，五花八門的維他命充斥，常弄得人眼花撩亂，往往令人不知如何取捨。究竟是以天然食品為原料的維他命好呢？還是以化學加工合成的好呢？常服維他命好嗎？該如何服用才有益健康？這一連串的問題，幾乎僅僅是維他命世界冰山的一角而已，打開維他命的黑盒子，便成了您我共同關心的焦點。

一

只要青春不要痘——維他命A＋鋅

健康交流站

「豆花」這個可笑的綽號已跟隨偉明多年；早就不再是年輕小伙子的他，至今仍揮不去「豆花」的夢魘。現在同事之間還是「豆花、豆花」的叫，使得偉明不勝其擾。只能怪自己太容易冒痘痘了，但是到底有什麼「戰痘」策略，可以擺脫這個煩惱呢？

大醫生紙上開講

有人說，青春痘是青春的象徵，很多人都有過這個困擾。雖然它是年輕人常見的皮膚疾病，但是也可能會在任何年齡出現。像壯年的偉明早已過了而立之年，還會有青春痘方面的煩惱，其實是不容忽視的問題，因為嚴重的話還可能會引起便祕等其他方面的疾病。如果長了青春痘，而又缺乏維他命A時，皮膚很容易就會化膿及受細菌感染。

◎維他命A

若皮膚長時間暴露在許多不利的環境下，如：灰塵、細菌、病毒、有毒氣體，以及冷熱不定的氣溫變化中，擔任保護人體的皮膚便會產生變化，尤其是臉部肌膚更是首當其衝。

從表面上看來，皮膚只是一層薄皮，事實上卻是由好幾層細胞及組織所形成，並且源源不息的進行著表皮細胞的更新，我們才能擁有光澤、滑潤的皮膚；這正是所謂表皮的角質化。而維他命A恰是參與角質化的重要成員。所以當維他命A缺乏之時，皮膚就會因角質化無法順利進行而變得粗糙乾澀。

基本上，會有青春痘的產生，都是源於皮脂腺毛囊上皮的不正常化及角質化，阻塞了毛孔出口；持續產生的皮質及角質，逐漸累積隆起，便形成了白頭粉刺。市面上維生素A酸軟膏極為普遍，但若情況太嚴重時還是應接受醫生診治，平時也要積極攝取含有維他命A的飲食，既可避免受到感染，又可促進皮膚代謝。

◎鋅

工作壓力大，導致睡眠不足、疲勞、火氣大，也是造成青春痘接二連三「冒」出來的原因；治本之道在於改善這些狀況。

為了有效配合維生素「戰痘」，需選擇含礦物質，含礦量低的補充品，因為碘會使面皰惡化，鋅則可幫助清除粉刺。之所以選擇「鋅」，是因為這種礦物質會加速人體內

外部傷口的癒合，促進新生細胞的成長；同時也可使皮膚、毛髮光澤有彈性，恢復指甲的色澤，有助於「戰痘」成功。

鋅對人體的免疫功能起著調節作用，是維持皮膚健康的「保護傘」。如果缺鋅，就會出現皮膚粗糙、乾燥等現象，也會使皮膚創傷治癒變慢，易受感染。如果您因「痘痘」的煩惱而心緒不寧，最方便的方法是多吃瓜子，不但對穩定情緒有助益，又能吸收到豐富的鋅哦！

健康小叮嚀

青春痘最忌擠壓或剔刺，否則易傷及深層的真皮層，會發炎、惡化並產生疤痕。另外要避免使用油性化妝品，以免油質阻塞毛囊口，促發形成青春痘。

時下年輕人流行綁頭帶耍酷，以及女孩們習慣以手托腮等動作，都應盡量避免。

若是青春痘一直無法痊癒，則還要考慮是否有其他潛在的疾病，如卵巢囊腫、腎上腺功能亢進等內分泌疾病。

二

白髮變黑髮——維他命B群

健康交流站

張先生才剛過四十歲的生日，應該還算年輕，但白頭髮卻一直冒出來；由於身為廣告公司創意部門的主管，用腦壓力比一般人來得大，白頭髮的情況就越加麻煩了。他不知如何是好，可有改善方法？

大醫生紙上開講

誰都希望自己有一頭烏黑亮麗的秀髮，張先生的困擾其實不難解決。維他命B群的雙氨基安息酸，是第一種被公認為能抵抗白髮的維他命。頭髮灰白的人，每餐吃兩百毫克的這種

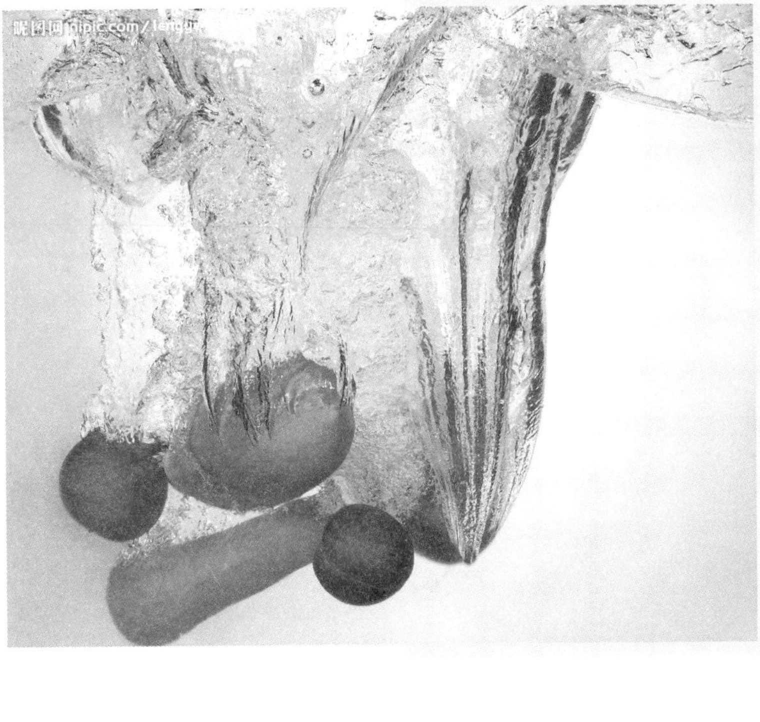

維他命，有百分之七十會恢復頭髮原色的。有些患白化症（皮膚缺乏色素變白）或者皮膚深色素聚集的人，吃了這種維他命後，皮膚顏色都可恢復正常。

健康小叮嚀

一個人的頭髮顏色發生變化，是因為缺乏維他命B群裡的四種維他命：雙氨基安息酸、生物素、葉酸和泛酸。而人的頭髮變灰白，如果能多吃營養的食物，尤其是富含維他命B群的食物，是會轉好的。

三 預防酒糟鼻——維他命

健康交流站

小華的爸爸由於工作不順利，習慣藉酒澆愁，久而久之竟然變成酗酒。整天醉醺醺的，鼻子上出現紅絲，臉始終紅紅的；紅腫的眼睛加上酒糟鼻，儼然就是一副酒鬼的模樣。小華想勸父親振作，並改善他難看的酒糟鼻症狀，應該怎麼做比較好呢？

大醫生紙上開講

凡是酗酒的人，常在鼻子上出現像微血管似的紅絲，會使面部呈現一種特殊的紅色，通常稱為「酒糟痤瘡」或「酒糟鼻子」；常出現的位置，是在眼下到下巴以

上，甚至於可伸展到耳朵前面。如果維他命的吸收良好，這種症狀就會很快的改善。

健康小叮嚀

凡是有缺乏各種營養的症狀出現時，大多是先由缺少維他命所引起的，絕不可掉以輕心。有些女性臉部呈現玫瑰色，常被誤認為是青春永駐的象徵，這時最好對鏡仔細檢查一下，說不定是缺乏營養的前兆。

四 燃燒脂肪非夢事——維他命＋碘

健康交流站

減肥實在是件痛苦的事，至少對於素梅和麗美而言，的確是如此。她們倆已經用盡各種方法來折磨自己，但是每次剛開始減肥，總是興致勃勃，但一、二個星期後，便不再有起初的順利，彷彿達到一個瓶頸，再也減少不了絲毫脂肪。為什麼會這樣呢？素梅和麗美百思不解，也感到十分的氣餒。

大醫生紙上開講

對許多人而言，減肥有如一個揮之不去的噩夢，是段痛苦不堪的經驗。想要維持健康的同時，又能達到瘦身的效果，其中的平衡點的確不易拿捏。因為抑制食物中含有的熱量，總會使身體所需的維他命及礦物質有不足的情形發生。但其實，維他命對減肥是非常有幫助的！

或許您會有和素梅、麗美一樣的疑問，為什麼每次剛開始減肥，總是效果顯著，信心大增。但一段時間後，便不再有起初的順利，彷彿達到了瓶頸似的，很難再燃燒絲毫的脂肪？

在這種情形下，若能適時補充維他命，讓身體形成容易燃燒熱能的狀態，應該就能突破此一窘境。而維他命B群則是與脂肪代謝息息相關的維他命，一旦缺乏，便無法燃燒脂肪。在B類維他命中，維他命擔任碳水化合物的消化分解任務。如果沒有維他命的協助，碳水化合物就無法轉變成能源，那麼這些碳水化合物都將變成脂肪，而被儲存在脂肪細胞中。一般人所謂的「不攝食脂肪就不會變胖」的觀念有待商榷，因為體內多餘的養分，無論是哪一種，都會轉變成脂肪。

常聽一些體態豐腴的肥胖者埋怨道：「唉！我連喝水都會胖！」一個人不吃脂肪，卻仍會造成肥胖的原因：

很多肥胖的人都是身體組織中積了水，如果吃了含有沙拉油的食物，肥胖就會消去不少。

當脂肪酸缺乏之時，身體會把醣類轉化成脂肪，而且速度比平常還快，而這種快速的轉化，又使血醣急速降低，使您很快的感到饑餓而想吃東西，於是就更加肥胖了。多吃些富含脂肪的食物，可以協助人體抗拒糖與澱粉類食物的吸引力。

換言之，多吃脂肪不見得會發胖。適量的脂肪，可刺激膽汁和解脂的產生。唯有當脂肪進入消化系統後，膽囊的功能才會旺盛，降低造成膽結石的機率。一個人若長久不攝取含有脂肪的食物，膽囊就會萎縮，如沒有脂肪和膽汁，維他命A、D、E、K也就無法吸收到血液中去。

健康小叮嚀

很多想減肥的人，把餓肚子當成減肥的主要方法是很不智的。使人肥胖的原因很多，而食物中營養攝取不足，迫使我們產生吃任何食物的欲望，恐怕是「元凶」；因為很多食物並不能滿足身體組織的需要，只能儲存一些無用的熱量。還有，人們以少吃代替多吃，往往使體內新陳代謝作用大幅降低，以致無力工作或運動，熱量無法消耗。儘管吃得少，但體重卻慢慢增加，反而比減肥前更肥。

大多數富含營養的食物，像水果、蔬菜、海產、瘦肉、乳酪、蛋、牛奶等，所含熱量都不高，常吃並不會發胖。建議想減肥的人，每天吃一百五十克高蛋白食物，如：魚、禽、肉等；每天吃蛋、乳酪、喝一夸脫加料牛奶或酸酪；中晚餐都要吃涼拌沙拉油的生菜，每餐吃兩、三片綜合礦物質和維他命B，飯後吃五百毫克以上的維他命C，早飯後吃維他命A、D和E的膠囊。不過所吃澱粉質的蔬菜、穀類和甜食，都要避免加工過的。

照上述的飲食，一、兩星期內體重會有些增加，但是當營養充足後，對高熱量食物的需求就會減少。到了月底，體重自然而然就會減輕了。

運動前及運動時，絕不要飲用含有糖分的飲料。因糖分進入人體之後，便會轉化

為能源，比脂肪更優先被人體所吸收利用，於是脂肪的燃燒便會陷入停頓。所以，在運動時倘若覺得口渴，只要喝水就夠了，含有糖分的運動飲料，在運動後再飲用較好。

談到海帶，就會令人聯想到碘，的確，海帶是碘的重要來源，具有調節基本代謝的功能。此外，海帶含豐富的鈣質，屬低熱量食品，可消除便祕的現象，而且美味可口，對欲消除肥胖者而言，是極佳的食品。

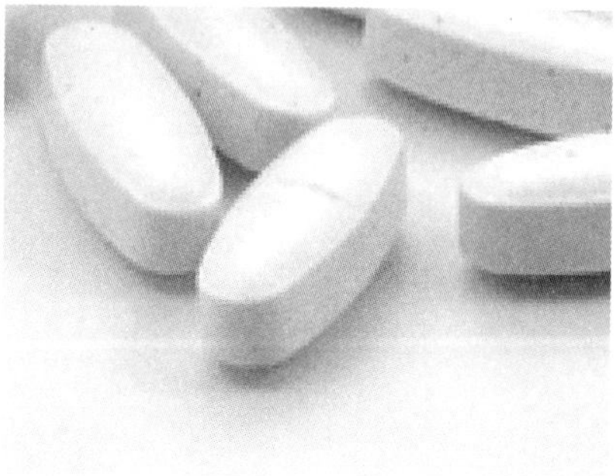

五 給我無瑕肌膚——維他命C

健康交流站

阿芳攬鏡自照，忍不住發出「歲月不饒人」的感嘆，她多年來一直為了臉上的皺紋與黑斑煩惱不已，梳妝檯前的瓶瓶罐罐，似乎並未為她帶來「無瑕肌膚」的功效。到底有什麼良策，可以讓阿芳擁有「水噹噹」的美麗臉龐呢？

大醫生紙上開講

愛美是人的天性，阿芳的問題相信也是大多數愛美人士的困擾。現在我們就來談談黑斑和皺紋形成的原因。

「梅納色素」是造成黑斑、雀斑的原因所在，在皮膚表皮的下方，有稱為「色素母細胞」的細胞，這些細胞一旦接受刺激，便會釋出梅納色素，而在所有刺激中，最強的便屬紫外線。為保護皮膚免受強烈紫外線的傷害，於是梅納色素便促使皮膚變黑，以求保護。一旦色素份量過多，黑斑、雀斑就一一形成了。

攝取充分的維他命C，便能抑止色素母細胞分泌過量的梅納色素，只產生必要的份量。並且還能將多餘的色素，迅速排出體外，維持正常的新陳代謝。令人驚訝的是，藉

著維他命C的還原作用，也能促使梅納色素還原變成無色。不過，不管維他命C的效用有多麼神奇，與其長出黑斑、雀斑後再設法治療，不如平日充分攝取足量的維他命C。

而皺紋又是如何產生的呢？皮膚是由表皮、真皮、皮下組織所組成。真皮大部分由膠原蛋白所構成，一旦膠原蛋白減少了，皮膚就會變薄且失去彈性，皺紋也就出現了。

健康的肌膚，其角質層中約含有百分之二十的水分，如果皮膚表皮的角質層中的水分散逸，仍不採取任何補救動作的話，便容易產生皺紋。較此嚴重的是真皮的皺紋，由於膠原蛋白不足，皮膚本身自然就會失去彈性，比表皮還更容易產生深

層皺紋。深層皺紋一旦形成非同小可，所以，還是早早預防為妙。

在這個時候，維他命C自是當仁不讓的角色，因為它對於防止皺紋、保持皮膚的柔嫩和彈性十分有效。除了透過食物攝取維他命C之外，抹一些含有維他命C的面霜，也是值得一試的方法。

健康小叮嚀

隨著年齡的增長，皮膚不但變得粗糙，皺紋也會增多，臉部或手部也慢慢出現褐色斑點，這些現象是由於皮膚肌能衰退，皮質或汗分泌減低，皮下脂肪減少。這種皮膚的老化與自律神經、荷爾蒙等因素有關。但值得重視的是，微血管也扮演著重要的角色。年輕而富有彈性的皮膚，正是因血液營養輸送到各部皮膚所致，而維他命E能促進血液循環，提高微血管的運動性，保持皮膚的滑嫩。

六 小心接受日曬——維他命D

健康交流站

熱愛水上活動的小美，好不容易盼到暑假來臨，打算趁此機會玩個過癮，但她又怕被無情的太陽曬痛、曬傷、曬黑，使用防曬油嘛，又聽說會造成維他命D的缺乏，真是令她左右為難。是不是有什麼對策，可以解決小美的困擾呢？

大醫生紙上開講

夏日炎炎，隱藏著看不見的危機——紫外線，除了有可能對皮膚造成灼傷外，嚴重的話也會導致皮膚癌的形成。生活在亞熱帶的臺灣，日曬的困擾更加強烈，於是各式的防曬花招紛紛出籠，尤其防曬油的使用最為普遍。若您也和小美一樣，害怕日曬帶來的傷害，請注意下列事項：

偶爾曬曬太陽無所謂，但若是長時間曝曬在陽光之下，最好能有些防護措施，塗抹防曬油就變得十分重要了。不過使用者千萬別過度相信防曬油的功效，而增加曝曬時間，造成傷害。

防曬油固然有它的好處，但卻可能導致維生素D的缺乏。維生素D是少數人體可以自行合成的維生素，過去認為是由皮脂腺而來，現在發現其來源是表皮細胞。使用防曬係數8或以上的防曬油，可以完全抑制皮膚對維生素D的光合成反應。還好人體維生素D的來源可由飲食來補充。

成人每日維生素D建議吸收量是200國際單位（IU），小孩則是400國際單位。據推算，當全身接受紫外線照射至微紅時，約可產生1萬國際單位的維生素D。而在冬日陽光不強烈的狀態下，的確會有維生素D不足的可能，而導致老人骨質疏鬆。

健康小叮嚀

不是光抹擦防曬油就能做到防曬，因為多數防曬油的功能僅在防止灼傷；此外，高防曬係數防曬油之黏膩感及刺激性，也常使人不易接受。所以，除了人體本身固有的防曬功能，如角質層增厚、色素沉澱外，適當的使用衣物、帽子、陽傘、太陽眼鏡等，都是不錯的方法。

以口服方式來加強皮膚防曬能力，一直是許多人的夢想，可以省卻擦防曬油的不便及不適。許多食品、藥物都有人嘗試，包括維生素A、C、E、不飽和脂肪酸等，不過唯一被多數人採行的是胡蘿蔔素。胡蘿蔔素是天然植物成分，普遍存在於胡蘿蔔、番茄及橘子等食物中，除了會使皮膚變黃之外，並無害處，十分安全。在口服六週後即可產生效果，可惜胡蘿蔔素對一般日曬反應的預防並無明顯助益，通常是用來針對部分陽光敏感性皮膚病，如：紫質沉著病、多形性日光疹、日光性蕁麻疹等預防作用。

七 青春永駐之泉——維他命E

健康交流站

想要預防老化、體力無窮，維他命E具有不錯的功效，但由於國內維他命E製劑價位頗高，孝順的志明就為父母在國外採購了不少此類營養素；其實他也擔心，維他命E到底是不是如傳言中具有常保青春、抗拒老化的神效？

大醫生紙上開講

國內維他命E製劑價位較高，國外的劑量與價格卻便宜得多，難怪孝順的志明要費心了。

維他命E的確有它的功效，除了對動物體的功能之外，還可以維持各種肌肉的完整，避免萎縮、變性、纖維化，亦可維持血球與肝臟的完整。更讓人重視的

是其抗氧化特性，它可保護不飽和脂肪酸（尤其亞麻油酸）以防其被氧化，有助細胞結構的維持。身體細胞常遭外來因素（如輻射線）逐漸毀損時，維他命E即具有保護作用。

健康小叮嚀

若要達到預防老化的效果，要有規律的作息，適當地運動，維持樂觀進取的生活方式，在此同時再攝取維他命E，將更完美。日常生活中盡量步行，每年接受體檢。此外，每週服用兩次維他命E，少數特殊人群若需吸收飲食以外的維他命E，或是中老年人想做額外的補充，最好請教醫生，針對個人健康情形，做出最佳的建議。

雖然維他命E較少有過量之煩惱，但若真的攝取過量，會抵制維他命K的正常功能，且耗費金錢資源，不值得鼓勵。

八 戒酒戒毒的營養——維他命B＋C＋鎂＋鈣

健康交流站

儘管社會上的反毒聲浪日益高漲，但吸毒的人口似乎有增無減，且年齡還有下降的趨勢，隔壁的阿雄就是其中之一。阿雄的媽媽因為唯一的兒子如此不爭氣，經常生氣又擔憂，氣他不學好，擔心他傷身，常常一把鼻涕一把眼淚地哭訴；再加上又有一個貪杯好酒的老公，她簡直不知如何是好。一個月前，她開始幫助丈夫、兒子戒酒、戒毒，但她不知從何注意戒酒、戒毒者的營養？

大醫生紙上開講

阿雄的媽媽，您辛苦了，為了拯救您的家庭，首先必須要保持戒酒者的血糖正常，及治療您先生、兒子受損的肝臟。建議您讓他們每天吃六小餐高蛋白食物，而且所有含澱粉的穀類食物都不要加工過的；每次正餐及副餐均加配「營養飲料」，及一碟人工合成的營養劑：鎂鈣混合片、含有高量膽素和肌醇的綜合維他命B、泛酸、維他命C、維他命A、D、E的膠囊。

吸毒的人若無毒品吸時，會發生肌肉無力、顫抖、精神錯亂等現象，加上對營養缺

乏認識，常會發生多種營養缺乏之症。又因營養缺乏而引起身體不適，更會加強吸毒的欲望及份量；且毒品會破壞體內的維他命C。

健康小叮嚀

避免酗酒者酒癮發作，在進餐時、兩餐之間及睡前，吃一片含一千毫克的菸草酸相當有效。

因缺鎂而造成顫抖性的精神病、幻覺症、抽搐、震顫、思緒不清、神經錯亂、肌肉無力等症狀，如果吃下鎂劑，幾個小時後這些現象就會消失。

每餐與睡前吃一千毫克菸草酸，可以治療心理上的癮；二十五毫克維他命、五百毫克碳酸鎂、一千毫克鈣可治顫抖的症狀；兩千毫克維他命C消解毒性；兩片綜合維他命C、一片含一千毫克泛酸以消除壓力的維他命B。

九 降低吸菸之害——維他命C＋E

健康交流站

老爸是個老菸槍，二十多年的抽菸習慣，讓他想戒也難。那麼退而求其次，至少想辦法減低吸菸之害，也算是使他身體免遭傷害的努力之道，但該怎麼做才好呢？

大醫生紙上開講

香菸對於身體，可說是只有百害而無一利；癮君子儘管明知如此，但還是不時點上一根菸，原因在於他已上癮了。

一旦吸上癮，自然無法戒除，您不妨建議父親，按時補充消耗掉的維他命C。因為維他命C是種對身體各方面均有助益的營養成分，總不能為了抽菸而使對身體有利的其他成分受到損壞。

香菸對人體會引起各種問題，尼古丁本身對身體有害之外，還會引起數種致癌物質的產生。所以平日除了維他命C之外，最好也補給維他命E，因為維他命E可預防肺癌。

健康小叮嚀

若說抑制癌症的發生，應數維他命E效果最佳。致癌物質能讓遺傳因子發生突變，如要矯治突變恢復正常，非得藉助維他命E、碘質、尼古丁酸的功效不可。除此之外，再補充些維他命A，則致癌率會更為降低。

吸菸既然會導致許多可怕的疾病和症狀，是十分危險的；因此每一位吸菸者，應對此危險性有相當的覺悟，設法戒菸；如果真的無法根除抽菸習慣，也要盡可能將其危害降至最低，建議多補充維他命C或維他命E。

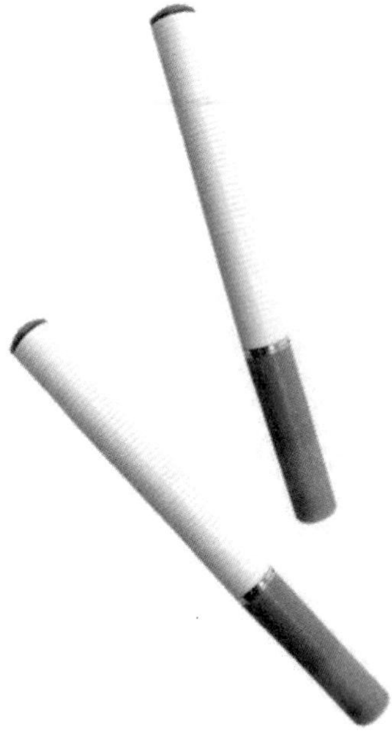

十 對女性和小孩都重要的——鎂

健康交流站

錢小姐的困擾是，她的膀胱擴約肌功能衰弱，難以控制尿的排泄；換句話說，她常因不能控制小便而當眾出醜，令她十分尷尬，是否有改善的方法？

朱太太的問題是，她的小寶寶有抽筋的現象，讓她十分擔心，除了抗抽筋的藥之外，是否有值得額外補充的營養素呢？

大醫生紙上開講

由錢小姐的症狀來研判，不能控制小便常是因各種硬化症所引起，此時若服用鎂劑會有改善的效果，因為鎂具有矯正肌肉衰弱的功能。

至於朱太太的嬰兒抽筋，可能是因為喝的奶粉中缺乏維他命和鎂所致。身體內每個細胞——包括腦細胞在內，都需要鎂。所以，若是缺鎂或維他命，都會產生下列症狀：抽筋、痙攣、失眠、腎結石等。嬰兒如果吃了含鎂量少的嬰兒食品，發生鼻子過敏、失眠、抽筋、肌肉痛、煩躁的機率則大增。

健康小叮嚀

鎂的每天需要量，婦女和小孩都只要五百毫克即可。

小孩、孕婦和疾病復原中的人，鎂的需要量較多。

凡是吃鈣時，鎂劑必須增加；如果缺乏鎂，會使鈣隨尿液大量排出。

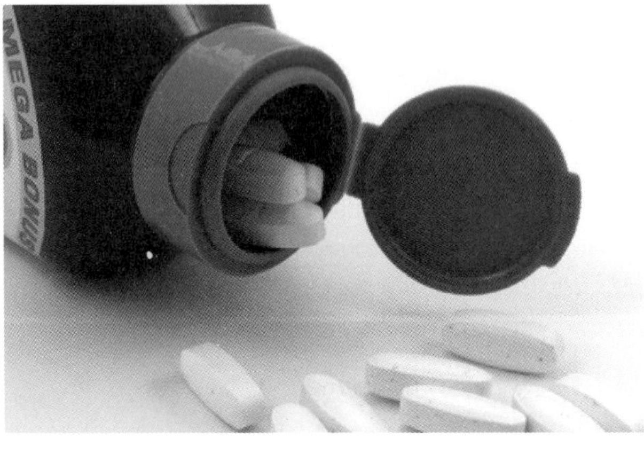

Chapters 2

靠他維命

一　您過得好不好？——認識維他命

現代人生活富裕，以及對飲食的講究，使得業者極盡所能的將食品加工精製，當我們滿足於口腹之慾後，文明病也接踵而至。因為食物中的營養素，早在加工精製過程中，幾近流失一空，只剩下殘害人體的添加劑、防腐劑等。

如果您「這也痛、那也痛」，問題可能出在某些維他命的不足吧！為了解答您對維他命的認識，將在下文中一一解說每種維他命的功用，及缺乏之時可能引發的症狀，以期您有效地食用它，「靠他維命」，常保健康。

◎維他命A

健康交流站

我的頭髮向來容易分叉斷裂，一年到頭總是像稻草一樣，嚴重時，還會「雪花片片」落得滿肩；沒人看見也就罷了，若有個帥哥在側，真希望有個地洞可以鑽進去。有些人告訴我，這是缺乏維他命A的結果。我對維他命的知識真的很貧瘠，您能為我解析一下嗎？

大醫生紙上開講

維他命A是按照被發現的先後順序以英文字母A、B、C……命名，所以維他命A就順理成章的成為維他命史上的始祖。維他命A可說是一般大眾最熟知的營養素之一，除了它對夜盲症的療效早受各方肯定之外，事實上仍有許多神奇魔力，讓我們來一探究竟吧！

・缺乏維他命A可能發生的症狀

當維他命A嚴重缺乏之時，除神經緊張和易感疲倦外，還會有眼睛紅腫、瞼腺炎、皮膚灼傷和搔癢等症狀。此外眼屎、眼角膜紅腫也常發生，頭髮會變得乾燥、失去光澤，

頭皮屑會增多，指甲也易斷裂。

黏膜組織會有異常現象，如喉嚨、鼻竇、中耳、肺、腎、膀胱等組織，會減少黏液分泌；這些器官如果減少黏液的沖洗，就容易感染細菌。

會使視網膜上一種能夠辨物的色素（視玟紅質）數量減少，導致人在黃昏後眼睛無法看清楚物體，或是由明亮處進入暗處時，眼睛的適應力極差。

對成長中的兒童而言，缺乏維他命A，將嚴重的阻礙發育。

■維他命A的功效

1．維護眼睛活力，尤其對視覺及眼睛黏膜而言，更具影響力。

2．提高對病菌的抵抗力，有益防禦傳染病。

3．對骨骼、牙齒的象牙質，食慾、消化及紅

血球的再造很有幫助。

4．協助表皮角質化，不斷更新表皮細胞，使皮膚保持光澤、滑潤，延遲衰老。

5．魚鱗癬及乾癬等皮膚病的鱗屑不易脫落，會呈銀白色如魚鱗般的乾涸，治療上服用或注射維他命Ａ，可以除去皮膚上頑固的老廢物。

6．胡蘿蔔素攝取量越多，患肺癌的比率越低。

7．維他命Ａ化合物被認為是能夠抑制癌症蔓延速度，並有預防的作用。

◎維他命B群

健康交流站

我們常從電視、報章媒體的各個廣告中得知，某種食物會特別強調它含有人體所缺乏的維他命B群；到底什麼是維他命B群？它有多少種？每種功能又為何呢？

大醫生紙上開講

維他命B群有十五種之多，包括B_1、B_2、B_6、B_{12}……等，不過現代人卻都很缺乏。因為穀類食物經精細加工後，其中的維他命B含量都不夠了。目前含此種維他命最多的食物，僅有四種：肝臟、酵母、胚芽、米糠。為此，可以適度經由食物或維他命丸中直接補充，以利健康。

・缺乏維他命B群可能發生的症狀

【維他命B_1】

屬於維他命B_1缺乏症的腳氣病，會造成易感疲勞、慵懶、不易消除疲勞等症狀。隨著維他命的不足情形益趨嚴重，腿部會浮腫或麻痺，有時會使膝蓋腱反射情況遲頓；亦即是敲打膝蓋，使腿部向上反彈的現象消失。情況進一步惡化時，會出現不良於行、知覺遲頓、容易健忘等症狀。

嚴重的維他命B_1缺乏症，有時會引起急性的心臟病發作而致死。維他命B_1嚴重缺乏後，身體會衰弱得不能工作、小腿疼痛、胃酸減少。

缺乏維他命B_1時，會使我們的消化系統起多種變化，使胃和腸壁的蠕動減慢，所產生的消化酵素減少，食物因此不能完全消化，也不能完全吸收。

維他命B_1攝取不足時，經常會得神經炎，尤其是腦細胞和神經細胞所受影響最大。三叉、坐骨、帶狀、腰部神經都會感覺疼痛。

【維他命B_2】

嚴重缺乏維他命B_2時，嘴角就會裂開或有皺褶的現象，感到疼痛。

缺乏維他命B_2的早期症狀，還有眼睛畏光，與缺乏維他命A的症候相似，需要常戴太陽眼鏡。

據實驗顯示，缺乏維他命的人，在鼻子、面頰和上額的皮膚都會變得油油的，也就是說，積存的脂肪在表皮下形成了面皰；眼瞼角上會長有像嘴角上的裂瘡，睫毛也會被眼睛所分泌的油脂黏在一起。

【維他命B_6】

缺乏維他命B_6時，有些人會腹瀉，有的會生痔瘡。但多數都會有貧血、噁心、嘔吐、頭皮屑特多的現象。尿酸也會增高，而使氮大量隨尿排出，顯示出體內的蛋白質未被充分利用。

缺乏維他命時，也可能發生肘部出現皮脂溢出性皮膚炎，手會乾燥、抽筋或痠痛。嚴重缺乏維他命B_6時，也會對神經產生不良影響而引起痙攣。

上了年紀的人，血液中的維他命容易減少，如果長期持續缺乏，也會影響到脂肪的代謝。

【維他命B_{12}】

長時間缺乏維他命B群，會使胃減少分泌胃酸，以致不能吸收維他命進入血液中，在這種情形下，就易患惡性貧血。

缺乏維他命B_{12}時，身體會產生下列異常現象：口酸、神經緊張、神經炎、月經不調順、體味異常、背僵而痛，舉步艱難，有時會因脊髓減少而導致痲痺。

【葉酸】

體內缺乏葉酸時，會產生貧血、疲倦、臉色蒼白、頭暈、精神壓抑、皮膚呈灰褐色、呼吸急促。

婦女在懷孕中最易缺乏葉酸，孕婦缺乏葉酸很危險，會導致出血、流產、早產、生產困難、嬰兒夭折率高。同時，缺乏維他命和葉酸，最容易發生惡性貧血。

【泛酸】

缺乏泛酸時，會使人感到疲倦、頭疼、軟弱、心跳加速、肌肉抽筋、感冒難癒、上呼吸道感染，也很容易出現脾氣暴躁、血壓長期偏低、手會顫抖等現象。

缺乏泛酸時，還易得失眠症，有人腳會感到灼燒疼痛、腎上腺衰竭、血壓低於標準，胃酸、酵素少、腸胃蠕動都會減低，導致發生氣脹和便祕現象。

泛酸為身體細胞不可缺乏的物質，沒有它，醣和脂肪都不能轉化成能量，雙氨基安息酸和膽素也不能被身體充分利用。

缺乏泛酸，也是造成過敏的主要原因。

【菸鹼酸】

維他命B群裡有一種叫菸鹼酸，有的人稱之為維他命B_3；一個人活得快不快樂，與這種維他命很有關係。

若輕微缺乏菸鹼酸時，則舌頭細菌易聚集，以致舌苔很厚，味道也很難聞，並會生

口瘡。

如果嚴重缺乏時，會引起失眠、頭痛或運動與知覺的痲痺。這是因為缺乏菸鹼酸而造成的神經障礙。也會有神經緊張、煩躁、頭暈、復發性頭痛、記憶力減退等現象。

缺乏菸鹼酸的人起初便祕與腹瀉交互發生，但不久就只有持續性的腹瀉。

・維他命B群的功效

【維他命 B_1】

維他命 B_1 是增加精力的維他命，服用之後，疲倦消失的情況非常神速。

維他命能擔任觸媒作用而幫助糖分的分解。一旦感覺疲勞時，必須攝取足夠的維他命，如此能使糖分代謝趨於正常，使乳酸等導致疲勞的物質不易產生。

目前已從實驗證明，罹患糖尿病後，維他命的吸收力會降低，同時各內臟器官中的維他命 B_1 也會減少，因此要維護健康，需補給更多的維他命。

【維他命 B_2】

被視為與成長荷爾蒙的合成有關的是維他命 B_2；換言之，維他命 B_2 具有促進成長作用。

維他命 B_2 與維他命E相同，能防止體內物質氧化。雖然脂肪氧化所產生的過量氧化脂質會造成疲勞或老化，但如果攝取充分的維他命 B_2，能使過量氧化脂質不易產生。

再者，維他命 B_2 可以改善老年人的視力，只要注意攝取營養，老年人模糊的視力是可以好轉的。

【維他命 B_6】

維他命 B_6 對蛋白質的代謝具有重要功能。

懷孕期間，一切營養素的需要量均較平常增多，維他命B群也不例外，而維他命 B_6 則能減輕孕吐的現象。

所謂脂肪肝，是肝臟內積存脂肪的疾病，此病常見於嗜酒人士。如要防止脂肪肝，應避免攝取過量的蛋白質（平常的三倍以上），補給足夠的 B_6，這兩者乃是必要因素。

一旦罹患糖尿病，便不易治癒，一般是靠食療法或注射胰島素來抑制病情。但最近維他命B_6被視為是一種有效的治療法，頗受人矚目。

要保持頭腦功能正常，維他命B_6是絕不可缺少的。很多屬於神經異常的病症，像是抽搐、震顫、顫抖、腳腿抽筋等，只要每天吃二十五毫克的維他命B_6，這種現象都會消除。

【維他命B_{12}&葉酸】

維他命B_{12}和葉酸兩者都與身體造血機能有關。前者對於血液中紅血球的成熟有重要功能，而後者與核酸的生成有關，因此也與紅血球成熟有關。

維他命B_{12}和葉酸有相輔相成的作用。如果有充分的維他命B_{12}時，會使葉酸活性化；同樣的，如果供應充分的葉酸，也會改善維他命B_{12}的吸收。

如果平時攝取充分的維他命或葉酸，即使不是為了治療貧血，至少可以維持造血機能的正常。尤其是有貧血症狀與孕婦，往往有不足的現象，最好多攝取。

葉酸也是細胞內所含酵素的一部分，因此它對醣類和氨基酸的作用也很重要；沒有它，上述的營養都不能為細胞所使用，它還能使細胞產生抗體，以抵抗病毒感染。

【泛酸】

泛酸對於脂肪酸、糖分、蛋白質的代謝，扮演了重要的角色。

若有血醣低、長期疲倦、頭眼昏花、神經緊張、昏迷等現象，可適時的補充泛酸。

【菸鹼酸】

菸鹼酸是屬於維他命Ｂ群之一，對體內各種化學反應，扮演著重要角色。

菸鹼酸可使人樂觀，對生命充滿信心與希望。

菸鹼酸可以使持續性的腹瀉恢復正常。

◎維他命C

健康交流站

新鮮的水果、蔬菜含有豐富的維他命C，母親們總是鼓勵孩子多吃。但是到底維他命C對人體有哪些功效？如果過度缺乏，又會產生什麼傷害呢？

大醫生紙上開講

・缺乏維他命C之影響

維他命C的主要功能，是協助形成連接身體全部細胞的膠原；一旦缺乏，以結締組織形成的血管壁絕對會受到不良影響，因而會有破裂的現象，導致血液流到組織內，產生輕微的出血。

若是血管壁破裂引起的出血靠近表皮時，會出現像是撞傷或扭傷之類的青紫痕；雖然情況並不嚴重，但在婦女和兒童身上，通常是首次顯現出缺乏維他命C的象徵。

嚴重的缺乏維他命C，會使牙齒生長速度遲緩。若在兒童期缺乏，會使牙齒延遲生長或停止生長。即使牙齒長出來了，也是品質不佳，容易有蛀牙的情況，牙床也易感染疾病。

需要動手術的病人，如缺乏維他命C時，則開刀部位不但癒合得較慢，而且有時傷口已癒合又容易裂開，斷裂部位不易長牢。

如果維他命C缺乏，則使體內的礦物質無效，鈣與磷都因骨骼的膠原在缺乏維他命C的情況之下，變得太弱而無法儲存了。

・維他命C的功效

維他命C有助於治療感冒。因為維他命C對感冒病毒、流行性感冒病毒或其他各種病毒能直接發揮功能，能減弱病毒的侵害。

若給予大量的維他命C，會使癌細胞被困於某細小的空間，對癌症患者有緩和症狀、消除痛苦和延長壽命的效果。而且還可增進鐵的吸收，改善貧血現象。

受到傳染病感染時，維他命C在血液中和尿液中都消失了；如果能適時補充，則會使病況好轉，加速復原。

維他命C可防止或治療化學物質中毒。它對鉛、溴化物、砷和苯等有解毒作用。

維他命C並不能產生精力，但是卻可以防止疲勞。

維他命C是最好的抗生素，有退燒、消炎的作用。

◎維他命D

健康交流站

美玲一直很擔心骨質疏鬆症的發生，於是拼命補充鈣質；最近她聽說攝取維他命D有助於鈣質的吸收，除此之外，不曉得這種營養素還具有哪些功效？

大醫生紙上開講

的確，維他命D有助鈣質的吸收。因為鈣在人體中很難溶解，唯有藉助維他命D，才可有效吸收鈣的營養。再讓我們看看缺乏維他命D的影響及它的功能。

・缺乏維他命D可能發生的症狀

缺乏維他命D，可能導致軟骨症。如果想順利矯治，除了服用維他命D之外，鈣與磷的

攝取也十分重要。

缺乏維他命Ｄ，不但齒槽骨鈣化不佳，其他部分的骨骼也不夠堅硬，因此容易發生骨折。

．維他命Ｄ的功效

可幫助鈣的吸收和利用。

可以防止蛀牙和預防牙齒磨損。

維他命Ｄ對於防止齒槽膿漏，也有相當的助益。

◎維他命E

健康交流站

趙明今年四十歲，正值人生的巔峰時期，但最近卻總覺得一反以往精力旺盛的情況，身體常常感到十分疲倦，這令他既困擾又苦惱，不知如何是好？

大醫生紙上開講

趙明這種現象是缺乏維他命E的徵兆。

人類壽命雖逐漸提高，但因工作忙碌、生活壓力大，而出現精神不濟的現象卻頻頻傳出，因而醫界不斷鼓勵人們食用維他命E。為此，必須了解缺乏它及其功能有哪些，才不致「食之不知其所以然」。畢竟每種維他命均有它的功能，如過量服之，亦可能對身體有害。

・缺乏維他命E可能發生的症狀

貧血、前列腺肥大、肝與腎受損、早衰，甚至發生肌肉無力現象。

如果缺乏維他命E，主要脂肪酸就會受到大量的破壞，細胞也會迅速受損。

胎兒如果缺乏維他命E，是造成先天性貧血的主要原因，將導致胎兒不能快速補充被破壞的紅血球。

孕婦如果不補充維他命E，所生的小孩肌肉會非常瘦弱，頭較難挺直，並且在坐、爬、站、走方面，都會比一般的孩子晚。

・維他命E的功效

男人食用維他命E後，精蟲的數目、量與活力，都會增加很多。

若父母的維他命E吸收量充足，而母親在懷孕期間也持續補充，則可降低生下畸型或智障兒的機率。

研究顯示，凡是女性連續流產兩次以上，或是早產，服用維他命E後，則會生出足月而健康的孩子。

若每日都能攝取足量的維他命E，即使在稀薄的空氣中，仍能保持頭腦清醒、舒適，也不會感到疲倦。

凡是開刀、灼傷或意外傷害等，要想傷口復原癒合得快，多食用維他命E是有幫助的。而且在治療期間也較不易感到疼、癢。

假如先天性心臟功能不正常的人，由幼年就開始服用維他命E，心臟機能大多能得到改善。

維他命E攝取充足，可增強肝臟的解毒功能。

◎鈣

健康交流站

截稿的日子越來越近了，靜惠的心情也越來越緊張，鎮日面對稿紙，卻一個字也想不出來，精神緊繃得令她夜夜失眠，情緒十分不穩定，有改善的方法嗎？

大醫生紙上開講

各種現代文明病多半與鈣質不足有關。尤其女性的一生，更是與鈣質息息相關。可以參考下列有關鈣的功能及缺鈣時的影響，便可了解。

．缺乏鈣可能發生的症狀

缺乏鈣質會使人們神經緊張、脾氣急躁，讓人感到疲勞、工作無效率；而易怒的脾氣、冒失的舉動，也常令他人厭煩。

動脈硬化是因為出現鈣質沉澱的現象。鈣質的平衡失調，即是產生疾病的前兆。鈣質的攝取不足，易形成骨質疏鬆症，導致腰部及背部的疼痛。

動脈硬化與心肌梗塞，可以說和鈣質有密不可分的關係，所以必須要攝取充分的鈣質，才可避免因缺鈣而引起的傷害。

人體所含的無機質之中，以鈣質的含量為最多；如果長期缺乏，則骨骼中的鈣質就會不斷地流失，使骨骼變得疏鬆脆弱。

・鈣的功效

藉藥物來治療失眠，不但傷身且耗費金錢；若能吸收足夠的鈣，失眠的情況是可以改善的。

足量的鈣也可消除蕁麻疹的癢症與風濕症的痛感。

充足的鈣，可消除現代人焦躁、憂慮、不安的壓力。

患有高血壓症狀的病，適合服用大量鈣質以降低血壓。

大量飲用牛奶的人，比不飲用牛奶的人，胃癌罹患率較低。

血液中的鈣質，具有凝固血液等作用，對痔瘡的出血有抑制的功能。

肥胖是指體內的脂肪過剩，而鈣質具有消除膽固醇，避免肥胖的效果。

◎鎂

健康交流站

高三的鄭志明，面對即將來臨的聯考，常常坐立難安；腦子因過度緊張而無法冷靜思考，一時之間非但讀不下書，甚至連才背誦過的東西都無法記住。這肯定是緊張所致，若補充鎂的攝取量有沒有幫助呢？

大醫生紙上開講

鎂和鈣一樣能保護人們的神經，是不可或缺的礦物質，適量的補充，的確有助緩和神經緊張。

‧缺乏鎂可能發生的症狀

人體如果稍有缺乏鎂的情況，就容易變得煩躁、緊張、對聲音敏感、激動、衝動等；再持續缺乏，則會有抽筋、顫抖、脈搏失常、失眠、肌肉衰弱等狀況。

缺鎂時，礦物質鉀也不能存在於細胞中，若這時鈣又缺乏，而磷又特別豐富時，常會得心臟病。

凡是有顫抖、肌肉衰弱、癲癇症、腹瀉、糖尿病、脫屑性腎臟炎的人，細胞內含鎂量都很少。

剛有小寶寶的父母如果缺鎂，常會被小孩輕微的笑鬧弄得心煩氣躁，難以成眠，因為缺鎂時會對聲音極度敏感。

缺鎂時會致使鈣質隨尿液大量排出，這時很容易得腎結石。

·鎂的功效

雖然缺鎂易使人患心臟病，但卻有利於降低膽固醇。

鎂有助於治療癲癇症的病人。

凡是土壤和飲水裡含鎂豐富時，當地居民的牙齒與骨骼長得都很好。

鎂的化合物常用來當作瀉劑或抗酸劑，但不能服用過量。

鎂對人體十分重要，男女和小孩都不能缺少。

食物中的鎂與鈣是最好的天然鎮定劑。

◎鐵VS.碘

健康交流站

當老師的人，往往需要長時間的站立在講臺上授課。芝如是位深受學生歡迎的好老師，上課認真、做事負責。只是貧血的毛病往往令她感到心有餘而力不足。她想知道除了鐵劑之外，還有哪些營養素可減輕她貧血的症狀？

大醫生紙上開講

有的，那就是鐵和碘。大多數人不了解鐵和碘這兩種礦物質的功能，因此缺乏鐵質和碘質的情形十分普遍。現在，不妨讓我們看看缺鐵和碘所引發的病症有哪些。

·缺乏鐵碘可能發生的症狀

女性和小孩常由於缺乏鐵質而引起貧血症。

因缺鐵而貧血者，手指甲易碎裂，精神容易倦怠。

極度缺碘時，會使脖子變得粗大，即甲狀腺腫大。

只要缺乏碘質，甲狀腺的細胞就會受到破壞而出血；若持續缺碘，則會導致甲狀腺無法正常分泌荷爾蒙，此時即使單吸收碘，也很難恢復原狀。

‧鐵碘的功效

在青少年發育時期，血液量激增時，以及婦女懷孕期間，鐵的需要量增高，如果能夠充足吸收，則可擁有健康。

甲狀腺荷爾蒙對人體成長、頭腦與身體的發育有極大的影響，而甲狀腺需要碘，碘攝取充足，荷爾蒙才能分泌正常。

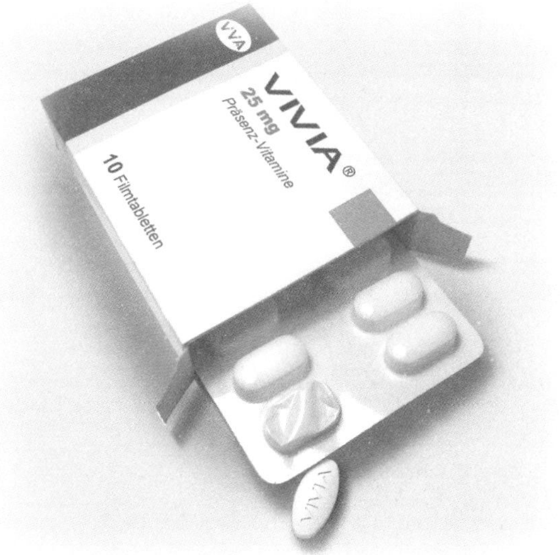

◎鉀、鈉、氯

健康交流站

老爸有血壓偏高的現象，卻又偏好吃既鹹又辣的食物，裡面過多的鹽分，會增加鈉的吸收量。家人都十分擔心，除了造成高血壓外是否會有其他的影響，甚至阻礙某些營養素的吸收。

大醫生紙上開講

奉勸少食用鹽分重、口味鹹辣的食物，它的害處還真不少呢！

在我們日常生活中，有三種營養素的需求量很大，即是鉀、鈉和氯；而鹽中正好是由鈉、鉀、鈣、氯合成的。一個健康的人，可以將這三種營養素每天隨著尿液大量排出，也會平衡它的吸收力；但若食用鹽分過量，就會使身體發生障礙，我們不妨看看它的影響。

．缺乏鉀、鈉、氯可能發生的症狀

缺乏鹽類時，所導致的症狀很複雜，會感到全身倦感無力、心絞痛、容易疲累，甚至於容易中暑。

食物中鈉含量不足，腎上腺荷爾蒙就會產生不足，身體組織中的鈉也就儲存不夠，血壓就會降低，甚至低於標準，因此會產生疲勞與衰竭的現象。

鈉攝取過量後，會造成身體嚴重缺鉀；沒有鉀，食物中的葡萄糖就無法轉化成精力。葡萄糖不能被身體利用，肝醣積存在細胞內，身體就沒有精力。

缺鉀時，鈉和水會進入細胞中引起水腫；如果能攝取足夠的鉀，就可以防止水腫發生。

缺鉀對人體造成的傷害，莫過於對心臟的影響。據研究，心臟病發作，常是在血液中鉀含量低時，或是鉀含量攝取不足時發生。

‧鉀、鈉、氯的功效

鉀、鈉和氯可保持體液接近中性，決定身體組織內水分的含量多寡，使體液發生滲透壓力，讓腸內的營養滲入血液，再由血液滲入每個細胞。

某些礦物質是內分泌的主要形成部分，鉀能使神經系統傳導正常，氯可使胃酸分泌正常等。

早晨一覺醒來會感到疲倦的人，血壓常是低的，補充點加鹽開水，有助於保持腎上腺的健康。

◎微量礦物質

健康交流站

每次聽見「礦物質」這個健康的代名詞，我就頭痛。因為我根本不知道什麼叫礦物質，我的朋友也有很多人不明白。它到底是什麼？缺乏它有沒有嚴重的影響？

大醫生紙上開講

當然有影響嘍！

人體內含有多種不同的礦物質，在細胞間扮演著不同的合成功能，還有很多其他重要元素，只因它們在體內的量很少，往往被忽略了。所以，即使是微量元素，仍不可大意，身體才能常保健康。

礦物質營養除了一些早為人所知的以外，有些人體需要量極微的礦物質，仍有必要了解。

．缺乏微量礦物質可能發生的症狀

體內缺乏銅時，會產生小球性貧血、低血鐵症、骨骼發育不正常等情形。而量攝取過多時，則會造成銅大量累積在肝、腎部位，造成不良影響。

缺乏鋅會產生小球性貧血、肝脾腫大、生長遲緩及性腺機能減退等現象。

雖然人體對鈷的需要量微乎其微，但若長期缺乏則會造成惡性貧血。

■微量礦物質的功效

銅具有維持神經系統內髓磷脂的功用，且可加速骨骼的形成。

錳在體內主要是做為一些輔因子及參與細胞的呼吸作用。

鋅有助纖維的修補功能，青春痘所留下的凹凸疤痕，即可利用鋅來達到很好的修補效果。

適量的鉻，可幫助胰島素促進葡萄糖進入細胞內的效率，對葡萄糖的新陳代謝有重要的貢獻；若缺乏鉻，則易造成葡萄糖耐力差，生長遲緩等現象。

二　吃得多不如吃得巧——正確的維他命攝取量

現代人生活緊張，飲食不正常，為了迅速達到恢復精神、補充體力的效果，免不了準備各式各樣的維他命，以便隨時隨地補充幾粒。

事實上，儘管是營養素，卻未必多多益善。人體是極為敏感而精巧的構造，保持健康的平衡絕非易事；所有的機能是環環相扣，關係密切，因此任何一種維他命的補充，都不可能毫不考慮，應遵從醫師指示，依個人體質，做最巧妙的搭配。

◎維他命A

健康交流站

王小明的視力不太好，王媽媽為了小明的視力問題，試遍了各種偏方，但是視力惡化的問題依然沒得到改善。聽說吃維他命A對改善視力很有效，但不知該怎麼服用比較好呢？

大醫生紙上開講

一般輕微的視力轉弱，只要補充五萬至十萬單位的維他命A，一小時後即可轉好。假如視力嚴重障礙，維他命A攝取的量又不足，則需要幾星期或幾個月，情況才能轉好。小明可以根據本身的情況，決定服用劑量的多寡。

健康小叮嚀

維他命A一日的需要量：

十五歲以上的男性：2000IU。　十五歲以上的女性：1800IU。

兒童出生後六個月～五歲：1000IU。　六歲～八歲：1200IU。

九歲～十四歲：1500IU。

◎維他命B

健康交流站

阿美任職廣告公司企畫。由於工作壓力大，她習慣以咖啡來振奮精神。但，喜歡喝咖啡並隨時補充大量開水的阿美有個疑問，維他命Ｂ群的需要量，和喝的液體多少也有關係嗎？

大醫生紙上開講

阿美的觀念沒錯。大量的水、咖啡、啤酒、一般飲料等，都可能把體內的維他命Ｂ群沖走。在熱天，維他命Ｂ群會隨汗水排出，出汗要多喝水；水喝多了，又會增加此類維他命的消耗。

此外，決定維他命Ｂ群的需要量，還得配合多種考慮因素；看看自己的體重、身高、飲食、運動量和工作量、壓力大小，以及所喝液體的多少等。

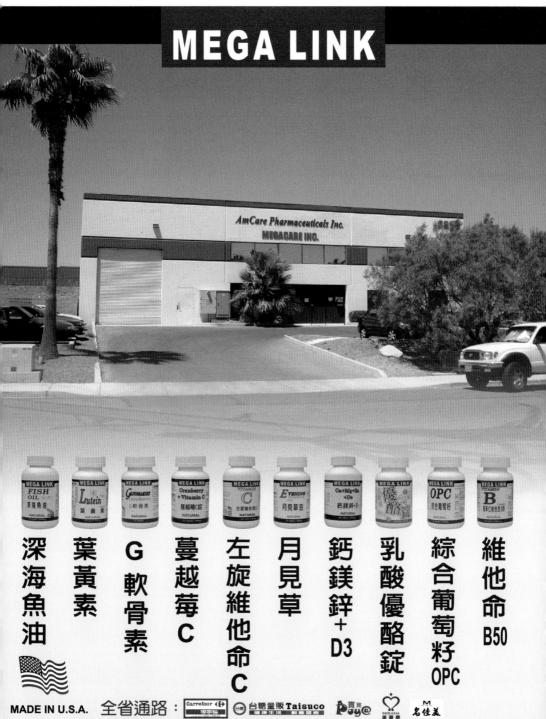

旭力克

增強體力
調整體質
促進新陳代謝

唾液酸漢方精華錠

研發單位：實踐大學育成中心
輔導單位：行政院農業委員會
中央畜產會

揭開唾液酸的神秘面紗

唾液酸Sialic Acid，又稱燕窩酸，學名神經醣胺酸存在於人類腦部、血清、唾液、初乳、尿液及其他組織中，是細胞膜蛋白的重要組成成分及人體非常重要的營養素。唾液酸除了可由細胞自行合成，另一重要來源是由飲食攝取，存在鹿茸、燕窩等珍貴中藥材、人類初乳和禽類的卵中。長期服用可調節身體機能，滋補養生，延年益壽。

旭力克唾液酸漢方精華錠之奧妙成分

唾液酸Sialic Acid
漢方精華萃取物：黃耆、紅棗、枸杞
微量元素：鐵Fe、硒Se、鋅Zn、碘I、鉻Cr、鈷Co等
山梨醇Sorbitol、松木多醣LAG、山藥粉Yam、維生素C

麥片的始祖-維他麥

維他麥海鮮干貝營養麥片

維他麥金黃蕎麥營養麥片

維他麥三合一營養麥片(原味)

維他麥中老年營養南瓜麥片

維他麥三合一營養麥片(巧克力味)

維他麥中老年營養牛蒡麥片

尚朋國際股份有限公司 TEL:02-2792-5811

http://www.grandpal.com.tw

健康小叮嚀

維他命B群一日的需要量：

維他命B_1：1mg。

維他命B_6：1.5mg。

葉酸：0.2mg。

泛酸：9～12mg。

維他命B_2：1.4mg。

維他命B_{12}：1.0mg。

菸草酸：1.5mg。

◎維他命C

健康交流站

鄭太太認為維他命C的安全性極高，即使過量也無所謂；只是不曉得體內過剩的維他命C是否會造成浪費，甚至產生副作用？

大醫生紙上開講

關於鄭太太的疑惑，我們可以做以下的解釋。

維他命C的血中濃度和其攝取量是呈正比而增加，但一日攝取140已形成巔峰狀態；亦即攝取量超過140時，血液濃度只會微量地增加。相反地，超過此攝取量時，維他命C排泄到尿中的份量會驟然增加。這些多餘的維他命C會代謝成為「草

酸」，草酸和鈣結合反應成為草酸鈣結晶沉澱而成結石。由此可見，維他命C的安全性雖高，但也要適量服用。

健康小叮嚀

空腹時，服用大量維他命C（一次服用3g以上），的確有引起下痢的可能。但這只是暫時性，只要3～4天，可以自然痊癒。一般而言，每日維他命C服用量不超過1,000毫克，應該不會出現任何問題；但如果不放心，也可以將一日份量分數次於餐後服用，如此即可安心。

◎維他命D

健康交流站

溫小姐非常重視皮膚的美白，每次出門不是打著陽傘，就是擦滿防曬油，並把自己包裹得緊緊的。但朋友卻警告她，要小心維他命D不足。真的會如此嗎？

大醫生紙上開講

這是很有可能的。因為維他命D在一般食物中含量很少，而陽光的紫外線，照到表皮上的油脂時，可轉化成維他命D。如果在夜間工作，白天睡眠，身上穿的衣服很厚，空氣中煙霧很濃等，陽光就不能為人體製造維他命D了。

小孩子在發育過程中，維他命D充足的話，會發育得更好。但起初的量不要超過一千單位，在八歲之前要增加到一千五百單位，十二歲以前都以魚肝油替代，之後才吃維他命A與D的膠囊。

年輕人和成年人若每天都能得到足夠的陽光，維他命D是不會缺乏的，否則每天需要補充四千單位。

健康小叮嚀

維他命D服用過量是有害的。嬰兒每天如吃一千八百國際單位，雖然量很微小，但卻會使嬰兒中毒；成人每天吃兩萬五千國際單位，時間久了也會中毒。防止維他命D中毒，可與適量的維他命C、E或膽素合吃，假如缺乏維他命E和礦物質鎂時，其中毒的情況更為嚴重。

維他命D中毒的情形，多是因食用經過濃縮精煉的魚肝油膠囊或乳劑所引起的，若是從天然的魚肝油中攝取，則不會中毒。

◎維他命E

健康交流站

據研究指出，男人吃了維他命E後，精蟲數目、量與活力都會有所增加。於是隔壁年近中年、膝下猶虛的老張，便努力服用維他命E；每天四千單位連續吃了三個月，卻發生了腹瀉、嘴、舌、脣等疼痛的現象，到底哪裡出了問題呢？

大醫生紙上開講

維他命E吃多了是不會中毒的，不過凡是超過1600單位，服用時間都不能太長。

每人每天對維他命E的需要量，為三十單位至幾百單位不等。一般而言，成年人每天需要量是140～210單位，如果多吃一匙油，就要多加100單位。

健康小叮嚀

每餐吃過油膩食物後，若吃600到1600大量的維他命E，會產生奇妙的效果。但對因高血壓、慢性風濕熱所引起的心臟病患者則不好，前六週每天服用不要超過100單位，後六週可由125增加到150單位。

◎鈣

健康交流站

為了保持健康，預防骨質疏鬆症，春梅每天大量飲用牛奶。但她想知道，到底每個人每天所需的鈣質是多少？

大醫生紙上開講

鈣質一日的必要量：

成人：600mg。幼兒：400mg。

孕婦：1000mg。授乳婦：1100mg。

六十歲以上：1240mg的平衡維持量。

健康小叮嚀

鈣攝取不足時，不會馬上出現明顯症狀，待發現時再加以補充，則為時已晚了。

因此，平日就要注意充分攝取。

◎鎂

健康交流站

聽說，如果體內缺乏鎂，會使鈣隨尿液大量排出。那麼，在補充鈣質的時候，鎂的需要量是多少呢？

大醫生紙上開講

凡是補充鈣質時，鎂必須增加，鈣與鎂的比例是二比一，每天若吃500毫克的鎂，鈣就得需1000毫克。

鎂的每日需要量，小孩與大多數婦女500毫克就夠了；年輕人、男人、孕婦和疾病恢復期的人，則需500毫克。

健康小叮嚀

吃未經精細加工的食物，每一千卡路里僅能得到400毫克的鎂含量，而且可能還有一半不能被吸收。

人體對鎂的理想攝取量，是每一磅體重5毫克。

◎鐵VS.碘

健康交流站

生性謹慎的阿金，凡事總要追根究底，而健康方面的疑點更是不會馬虎。關於人體內的鐵，多了則會產生血鐵質沉著症，少了又會導致小球性貧血，那麼多少的鐵質才算是正常呢？

大醫生紙上開講

據美國國家研究單位指出，年輕人和女性每天鐵質的需要量為15毫克，而男性則10毫克就夠了。凡是吃富含蛋白質和維他命B群的食物，從中吸收到的鐵質都會很充足。假如一個人食物吃得很營養，又服用維他命，仍患貧血時，就要去看醫生了。

碘在人體內的含量，可經由驗血得知；假如碘在體內含量正常，身體就會產生正常的精力。健康的人在100CC血液中，應含4至8微毫克的碘，如低於4微毫克，就證明是體內缺乏了碘。此時，就會感到無精神；而血醣低、缺乏蛋白質、維他命，或缺乏其他營養素時，我們的精力也都會減弱。

健康小叮嚀

若有人因某些原因而不能吃含鈉的食物，也不能吃碘鹽與含碘豐富的海藻，假如再不服食碘劑，身體將很難保持健康。

◎鉀、鈉、氯

健康交流站

有位擔任工程師的朋友告訴我，他們的工作環境很涼爽，但仍有工人因中暑而死亡，推測是因流失過量的鈉和氯所導致的。到底我們該何時及如何增加身體對這些礦物質的吸收量？

大醫生紙上開講

鈉和氯，我們可由食鹽裡吸收足夠的量；鉀的來源也不會缺乏，像蔬菜、水果、穀類、堅果和肉類裡均含量甚豐。但是這三種營養必須要保持均衡，因為如果鈉的吸收量過多，會使大量的鉀隨著尿液流失；而鉀如果過多，則鈉也會隨尿液流失。

當感到鈉吸收過量時，家裡自己調理的食物，就要以含鉀和氯多的食物為主，並以氯化鉀的鹽代替氯化鈉的鹽。

健康小叮嚀

飲食不當，壓力過重，鈉吃得過多而使鉀缺乏後，常會引起許多人脹氣、消化不良和局部麻痺的病症。

◎微量礦物質

健康交流站

提到營養素，一般人總會想到醣類、蛋白質、脂肪、礦物質、維生素。其中的礦物質，除了較為一般人所熟悉的鈣、鐵、鎂、鉀等，還有許多重要元素，它們在人體內的量很少，因而往往被忽略，到底它們在人體內扮演著什麼樣的角色呢？

大醫生紙上開講

礦物質類組織在高溫燃燒後，剩下的部分稱之為礦物質；有許多元素因存在體內的量小於體重的十萬分之五，我們稱之為微量元素。

微量元素的種類繁多，包括銅、錳、鋅、鈷、鉬、氟、鉻、硒等皆是，各種元素在人體內都扮演著不同的角色。

健康小叮嚀

建議每日攝取量：

銅：成人每日2.5毫克為宜，嬰兒與小孩以每公斤體重攝取0.05為宜。

錳：由於錳普遍存在於各種食物中，到目前為止，尚未有因錳攝取不足而引起不適之病例。

鋅：成人每日6～10毫克，女性懷孕及哺乳期則需增加。

鉬：至今尚未有攝取不足之症狀產生。

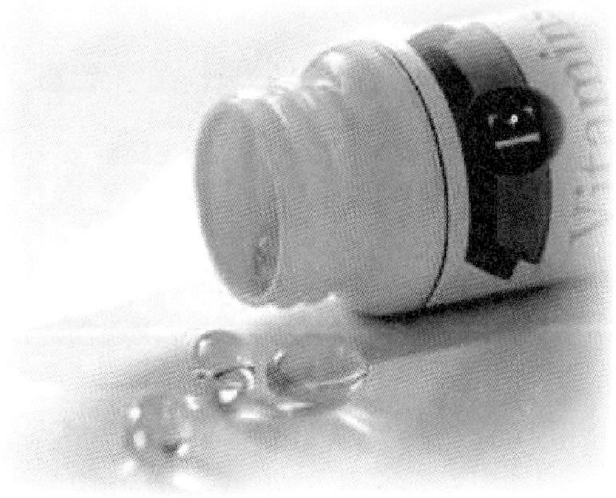

三 維他命的功用與來源

在米糠中含有防止腳氣病的成份於1910年首先被發現，翌年波蘭學者自米糖中分離其成份，並命名為「維他命B_1」，從此對人體有作用之各種維他命，陸續已發現有二十多種了，各種食物本身均含有豐富的不同維他命，遠比藥店裡的小藥片為佳。維他命在人體內所佔份量少，是維持身體健康不可或缺的重要成份。本單元將其功能作用及缺少時之病狀，列述於下：

維他命A

功用：促進生長，防止各種眼疾之發生，保持眼球適度的濕度，防止夜盲症和眼睛傳染病，維護皮膚健康及光滑細嫩，並有益於骨骼及牙齒之健康。

缺乏之時症狀：眼結膜組織衰弱，視線模糊不清，不停眨眼，罹患夜盲症。易得皮膚病，皮膚粗糙。對傳染病的抵抗力減弱，頭髮乾燥，易生頭皮屑，小孩發育遲鈍等。

維他命A之食物來源：肝、蛋黃、牛奶、牛油、乳酪、胡蘿蔔、南瓜、杏、甜瓜、木瓜、花椰菜、波菜、香菜、地瓜、馬鈴薯、水果、魚肝油、肉類、鰻魚、海藻。

注意：勿攝取過量；維他命A易被氧化，須避免紫外線照射如罹患病，甲狀線疾病者，須增加需要量。

維他命B群

維他命B中又可分為：B_1、B_2、B_3、B_6、維他命H、菸鹼酸、葉酸等。故又稱為維他命B群。

功用：促進新陳代謝、分解脂肪及蛋白質、生長奶汁分泌。

缺乏時症狀：腳氣病、肌肉痛、運動障礙、知覺痲痺、心悸、呼吸困難、食慾不振、腹瀉、便秘等。

維他命B群之食物來源：糙米、豬肉、肝、蛋黃、豆類、麥片、牛奶、花生、芹菜、酵母等。

注意：維他命B群在鹼性溶液中烹煮，極容易受破壞流失。

維他命C

功用：預防及治療壞血病，增加對傳病的抵抗力，傷口癒合，緩合抗生素之副作用。

缺乏時症狀：易患壞血病、皮膚乾燥並皺裂、骨骼酸病、食慾不振、面色蒼白、易疲倦、牙床出血、貧血。

維他命C之食物來源：水果、綠色蔬菜、綠茶、桔子、芭樂、檸檬、蕃茄、柚子、柑橘、柳丁等。

注意：蔬菜類經熱煮炒，約40％以上之維他命C成份被破壞；多含於蔬菜及水果肉的纖維中，不宜只喝汁不食肉。

維他命D

功用：幫助鈣、磷的吸收及利用，助其成為骨骼及牙齒之發育功能。

缺乏時症狀：罹患軟骨病、脊椎骨彎曲、雞胸、女子因骨盤變型導致難產，嬰孩頭骨變軟、發牙慢、會造成O型腳、X型腳、K型腳等軟骨病。

維他命D之食物來源：蛋黃、鮪魚、沙丁魚、奶品、魚肝油、酵母、青菜。太陽紫外線輕射皮膚。

維他命E

功用：改善末稍血流、使睪丸及卵巢的血流順暢、促使賀爾蒙的製造分秘活潑、促進妊娠對凍瘡、皮膚龜裂、每日服100毫克有效。

缺乏時症狀：不妊症、習慣性流產，人易老化。

維他命E之食物來源：豆類、穀類、麥胚油、玉蜀黍油、棉花油、扁豆、花生。

維他命K（又名凝血素）

功用：造凝血酶元的要素。

缺乏時症狀：外傷止血困難、嬰兒容易腦出血、成人皮膚呈斑狀、牙床出血、內臟出血、尿出血。

維他命K之食物來源：綠色蔬菜、馬鈴薯、體內大腸菌自製。

注意：易被氧化，遇酸、鹼、日光都會被破壞。

維他命H（又名生物活素、比奧丁）

特性：容易被氣化，對熱與酸安定。

缺乏時症狀：皮膚炎、食慾不振、精神委靡、貧血、肌肉痛。

維他命H之食物來源：肝、腰子、牛奶、蛋黃、香蕉。

四

營養不流失——留住維他命的方法

即使我們選擇了最好的食物，但在烹調的過程中，維他命和礦物質也會流失百分之六十到百分之百。換句話說，為了維護健康，確保完全吸收有益的物質，便要懂得如何讓營養不流失。

您知道生菠菜和煮過的菠菜何者維他命A的效力高？您知道含維他命E的食物經油炸後，會損失多少營養嗎？本節將透露留住營養的妙方。

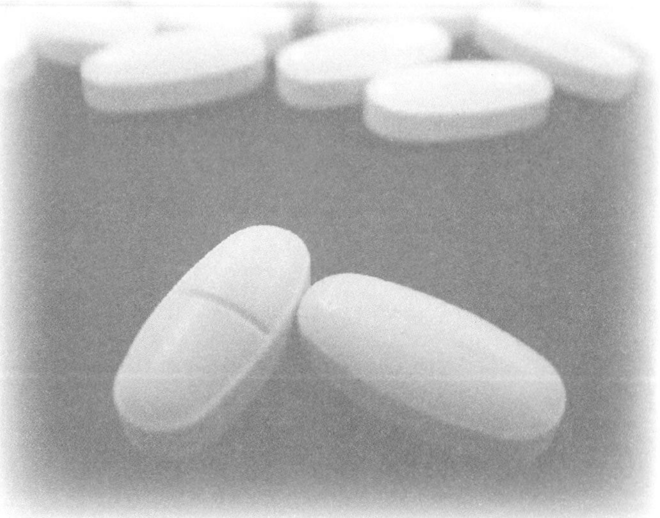

◎維他命A

健康交流站

一直困擾著人們，使人不知如何解決的一件事，就是富含維他命的食物該如何烹調、如何生吃……才能保有食物本身的最佳營養成分？我想這是許多關心家人健康的家庭「煮」婦的問題，您能為我們解答嗎？

大醫生紙上開講

蔬菜中所含的維他命A效力及被人體吸收率，會因煮、炒、磨碎、榨汁等不同的調理方式而改變。

有些植物縱然含有豐富的胡蘿蔔素，也不一定能被人體吸收；因為胡蘿蔔素是存在於纖維質所構成的細胞壁內，必須經過切割、烹調、咀嚼才能使細胞壁破裂，讓胡蘿蔔素溶於水，也才能被吸收入血液中。總之，蔬菜裡纖維質弄得越碎越軟後，裡面所含的胡蘿蔔素也越能被大量吸收。此外，假如蔬菜汁不立刻喝，暴露於空氣中過久，維他命A就會受到破壞。

健康小叮嚀

蔬菜中的胡蘿蔔素經過油炸、油炒後，吸收情況會更好，當然如果能與蛋白質一起攝取，則效果將更理想。所以，蔬菜與含豐富蛋白質的魚、肉類搭配進食，是最理想的組合。

除非食物裡維他命E充足，否則所吃的胡蘿蔔素，不會完全轉化為維他命A。

維他命A與維他命C同食，不會發生中毒現象。

◎維他命B

健康交流站

我知道維他命B群是水溶性的，若因烹調不當，營養很容易流失；難道只能生吃嗎？這樣口感實在很糟，有沒有其他方法，使之既營養又可口？

大醫生紙上開講

您可能會很失望，想要留住營養，口味不免差了些！

由於維他命B群是水溶性，因此，以水煮方式或是浸泡於水時，會造成溶化而流失。此外，B群中有不少對熱、鹼、光等抵抗力弱，故烹調或儲存時，都應該特別注意。

一、用開水川燙時，盡量少用食鹽，並以滾燙的水做短時間的處理。

二、烹調時用油炒或水煮的方式，比用開水燙熱較不易損失維他命。

三、蔬菜盡量在新鮮時食用。

四、放置冰箱冷藏時，宜分為少量冷凍，及早食用。如果經常反覆地冷凍、解凍，會破壞維他命。

五、淘洗白米時，勿搓洗太用力。

健康小叮嚀

馬鈴薯：油炒會減少9～18%左右的維他命；以開水燙熟後，會減少15～47%左右。

高麗菜：放置一星期內會減少23%的維他命，兩個星期內減少36%。

白米：淘洗米時會損失23～54%的維他命；而煮熟時會減少75～80%。所以應避免用力淘洗，只要以水輕輕沖洗即可。

◎維他命C

健康交流站

聽說維他命C想要完全地保留住，十分不易；您是否可以告訴我，應該在什麼時間內將含維他命C的食物食用完，以充分攝取它的營養？

大醫生紙上開講

氣候、土壤、儲存、溫度、烹調、冷凍、裝罐，都會對食物中的維他命C有影響。食物迅速冷凍，維他命C損失得很少，但是在解凍後一小時內不處理，就會失去百分之九十。食物如果儲存在室溫中、浸水、烹煮等，也會失去很多。

新鮮或罐裝的番茄、生菜、草莓、生包心菜的一餐份，大約含有維他命C30～50毫克。綠葉蔬菜像菠菜、甘藍菜等含量較多，大約是50至90毫克，不過在烹煮時會流失很多。

健康小叮嚀

維他命C最豐富的來源是柑橘類水果。例如一杯新鮮的橙汁，包含有130毫克維他命C；檸檬、葡萄柚或冷凍純橙汁，含100毫克。橙越好、越新鮮的，含量越多；果汁越純、未加糖與人工甘味的，維他命C的含量越多。

◎維他命D

健康交流站

據我知道，陽光是維他命D的主要來源，人體是不會自行製造的；那麼長期暴露在陽光下工作的先生小姐會不會攝入過量的維他命D呢？

大醫生紙上開講

太陽的確會幫助維他命D合成，但不是從皮表的油脂去製造；陽光中波長290～315毫米的紫外線進入上皮（不是皮膚表面，是皮表下的組織），將一個叫做七去水膽固醇的化合物轉化成維他命D_3，身體裡還有個調節的機制，讓長期暴露在陽光下工作的先生小姐不會有過量的維他命D。

健康小叮嚀

過量的維他命D是有毒的。防止維他命D中毒，可與適量的維他命C、E或膽素合吃。

平時不妨在上午十點以前接受陽光的照射，以吸收維他命D。最忌於上午十點至下午二點之間的烈陽直射，可能會曬傷皮膚；長此以往，很容易罹患皮膚癌。

至於長期處在陽光不易得見的工作場所的人（如：南、北極，或是長期夜間工作者），可請醫生診斷，並開列維他命D的營養素。

◎維他命E

健康交流站

維他命E大多儲存在哪些食物中？平常該如何保存或是食用，才能有效地吸收營養呢？

大醫生紙上開講

維他命E也稱為生殖醇，一般說來，植物的種子內含有豐富的維他命E；凡是穀類食物、堅果和種籽所榨的油裡都有。但暴露在空氣、高溫，或冰凍和儲存時，都可能會遭到破壞。

食物在熱油中煎炸時，會失去約百分之九十八的「生殖醇」；經化學作用的油類、精磨的麵粉、麥片等，所含的維他命E都消失殆盡了。

健康小叮嚀

新鮮的果菜中，也含有豐富的維他命E。尤其是堅果類的胚芽中，維他命E的含量更多。不過，若尚未成熟即被採下的果菜，維他命E的含量反而極少。

天然維他命E的效果，是人工合成維他命E的1.36倍。所以，建議您多攝取新鮮天然的維他命E，而且食物盡量避免以油炸方式烹煮，以免維他命E大量流失。

◎鈣

健康交流站

日常的食物中，大多含有鈣質，您是否可以列舉幾項常見的蔬果食品該如何食用，才能吃出健康？

大醫生紙上開講

鈣含量較多的食品，包括小魚類、脫脂奶粉、牛奶、起司等。

鈣和牛乳內蛋白質結合在一起形成酪蛋白鈣；魚骨是以磷酸鈣的形態，菠菜是以草酸鈣的形態存在。

其中，以酪蛋白鈣吸收率最好，能有效地成為鈣質的來源。動物的骨骼是以磷酸鈣組成，天然的骨粉含有蛋白質會幫助磷酸鈣吸收，但單純化學的磷酸鈣因不溶於水，事實上並不好吸收。草酸鈣則因不易分解，以致在體內的吸收及利用率降低。

也就是說，牛奶、小魚乾中的鈣質，較易被吸收；

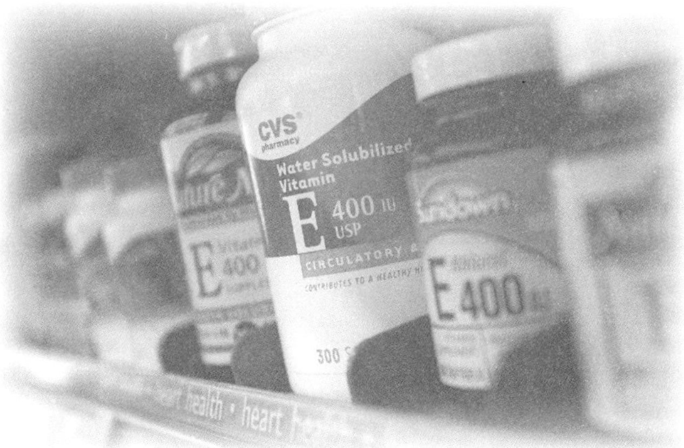

菠菜中的鈣質，則較難吸收。雖然菠菜含有鈣質，但只吃菠菜，並不能獲得人體所需要的鈣質。因此，必須多攝取牛奶、小魚乾等，才能改善鈣質不足的狀態。

健康小叮嚀

在善加利用鈣質食品的同時，也必須大量攝取富含維他命D的食品；因為如果維他命D攝取充分，則即使鈣質的攝取量很少，也可充分發揮效果，使得鈣質大量被吸收。相反的，如果維他命D不足，那麼即使鈣質攝取再多，也無法完全吸收。

最適當的食品即是蕈類，而乾香菇又比生香菇維他命含量多。建議不妨將乾香菇泡水後，與豆腐或其他蔬菜同煮而食。

◎鎂

健康交流站

聽說「鎂」的營養素很不容易攝取，這是什麼原因？我們又該怎麼做才能留住它，並完全吸收？

大醫生紙上開講

一般食物中缺鎂，據研究指出，是使用化學肥料所致。特別是黏性土質因化肥易溶於其中，而鎂則不易溶解，所以植物只吸收到化肥而能吸收的鎂很少。

此外，我們食物中所含的鎂，因為在浸水和烹煮的過程而流失掉很多；如果不把菜湯喝掉，可以說「鎂」全部丟棄了。

健康小叮嚀

含鎂豐富的食物有堅果、黃豆，和烹煮過的綠色蔬菜，如菠菜、甘藍菜、甜菜等；但這些菜最好未施化肥，而食用時，菜湯也最好不要倒掉。

◎鐵VS.碘

健康交流站

母親將我們平時所吃的白米飯，改成了胚芽米和糙米，她說白米吃多了會貧血。聽了令我滿心狐疑，我們的老祖先一直都吃白米飯，也沒聽說有問題呀？

大醫生紙上開講

缺鐵貧血症最主要形成的原因，的確是日常所吃精細加工的米麵製品和白糖所造成的。因此，建議您不妨吃含麩皮的粗麵粉，每磅的含鐵量則高至18毫克；啤酒酵母和麥胚芽，也含豐富的鐵質，食用半杯可得8～18毫克。

當含鐵的食物吃到胃裡以後，鐵質要受胃酸的溶解，才能透過腸壁被血液吸收；因缺鐵而貧血的人有三分之

二都是胃酸不足，所以鐵質大都未能完全溶解而被吸收。改善之道便是多吃富酸類的食物，像含有乳酸菌的奶品、酸味的水果、柑橘類的果汁等，都會有助於鐵質的吸收。

健康小叮嚀

很多用來治療貧血的鐵鹽化合物，都會在體內破壞維他命E。要吃這類鐵鹽化合物，也要在食用維他命E後八小時再吃。假如維他命E吸收充足，紅血球的壽命可活到3～4個月，然後在循環時被肝與脾臟收回，再受到酵素的破壞，裡面的鐵質也可重複使用，產生新的紅血球。

◎鉀、鈉、氯

健康交流站

我最喜歡冷凍火腿等食物，每次點披薩總會叫雙份火腿，大快朵頤之後，感到全身愉快。其實那是一種口感的滿足啦！但每次吃完，總覺得口渴異常。又聽一些專家說，多吃有害身體，究竟是什麼害處？

大醫生紙上開講

在我們日常生活中，鈉的吸收經常是過量的。鈉吃多後的最大害處，是造成身體嚴重的缺鉀。像番茄醬、冷凍肉類、罐裝湯類、加鹽的堅果、加蘇打的食物，都含有高量的鈉，應盡量避免。

您知道嗎？一個常吃精製食品的人，雖搭配其他主要營養素，也會有缺鉀的現象。建議您平日還是要多吃天然、簡單的食物，健康才不會流失！

健康小叮嚀

假如認為自己鉀攝取的較少，每天應增加水果和蔬菜的食量，避免吃加工食物與糖，並減少鈉（鹽分重的食物）的吸收量。

Chapters 3

你的觀念及格嗎？

這些年來健康食品在臺灣相當風行，許多人都是在「聽人家說」之後，一傳十、十傳百的開始嘗試此類食品，使得健康食品迅速竄起而成為一股新趨勢。

當然，只有口耳相傳的話，並不足以使健康食品被廣為接受，主要還是與現代人健康意識高漲，長壽健康美麗的需求，及對肥胖、成人病和一些特定病的恐慌心理，於是許多人願意開始嘗試。但是對於健康食品該怎麼吃？其功效如何？有相當多的人還是搞不清楚。

本篇對被視為健康新寵的健康食品，有極為精闢且生活化的說明。

健康食品包醫百病？

健康交流站

我是個一歲孩子的母親，孩子滿週歲時，熱心的朋友因為在健康食品公司上班，所以帶來了富含多種維他命的維生素C的果汁罐，做為孩子週歲的賀禮。

但前些時日，媒體才披露許多所謂的健康食品並不能使人健康，因此我很擔心給寶寶吃了會有副作用。面對朋友的盛情，我很為難。不知是否可以略微介紹健康食品有哪些？怎麼吃？真的是有病治病、無病補身嗎？

大醫生紙上開講

越來越多的人將健康食品當作禮物，送給親朋好友或長輩，一般人認為這既實惠又能表達對對方健康的關心，所以健康食品受歡迎的程度由此可見。

當然，健康食品能成為市場上的新寵，也的確有其獨到之處。有鑑於民眾對健康生活品質的要求日切，加上其便捷食用的特色，輕易擄獲了現代人的心，因而迅速廣泛的流行。這些健康食品化身為膠囊、錠劑，或一沖即溶的粉劑、易開罐型的口服液產品等，迎合現代工商業社會人們追求速簡效率的心理。

以下就為您介紹市面上相關的健康食品的種類、療效……等問題。

・發燒產品

根據國內相關業者所做的統計，目前市面上銷售的健康食品大致如下：

昆蟲類——蜂王漿、蜂蜜類。

蕈類——香菇、靈芝、冬蟲夏草。

植物根葉類——人參、大蒜、牛蒡、蘆薈、小麥草。

油脂——胚芽油、橄欖油及自豆類提煉的卵磷脂等。

微生物酵素類——酵母菌、乳酸飲料、天然維生菌及綠藻類，還有各式天然醋製飲品。

動物性抽取物——魚肝油、卵油、鰻魚精、雞精、鹿肉精及鯊魚軟骨製劑。

維生素及微量元素製劑——除了各式維他命產品外，各種人工合成的鍺、硒、鋅、鈣、鎂等礦物質製劑也不在少數。

飲料類——為健康食品中最大宗。除礦泉水外，含有各式蔬果的花果茶，和中國傳統的茶系列製品，以及含有中藥成分的藥草茶，如刺五加、枸杞子、仙楂、人參、杜仲等藥材。

·包醫百病？

現代人個個文明病纏身，對自己健康有信心者少之又少，熱中服用健康食品，自然形成一股新趨勢。加上業者利用廣告文宣，賦予產品具有某種「速效」的暗示，以及「有病治病，沒病補身」的觀念誘導；在這種情形下，有多少人會在食用前冷靜思考一下：吞下肚的東西，對自己的身體是多餘的負擔或是恰到好處的補充？

隨著社會大眾對健康食品的愛好及消費能力的增加，健康食品每年推陳出新的盛況可期。有些不肖業者腦筋動得快，抓住國人篤信「藥食同源」的心理，在廣告文宣上常刻意「模糊」食品與藥品的界限，以凸顯產品的「療效」。但事實上，消費者花高價購得的產品，有許多只是尋常的營養補充劑，這些營養素，大部分均可由日常飲食中攝取到足夠人體所需的份量。

・食必有方

對一個三餐均衡攝食、身心機能正常的健康人而言，毋須額外購食這類營養補充品。然而，由於現代都會區上班族工作壓力沉重，三餐又不定時定量，外務應酬過多，加上長期熬夜加班，體力大量透支，難免會去尋求一些能「迅速恢復體力」的保健祕方。因此，許多人寄望能服用特定的「健康食品」來改善體能。

但據醫界及營養界人士指出，許多被製成膠囊、錠劑或粉劑的「健康食品」，經常是某種單一營養素或食品的濃縮精華；這種高單位劑量產品，對某些特殊體質的人可能不見得適用，或是它僅適合缺乏某種特定營養素的患者服用。所以，食用時一定要有正確的營養常識來判斷，或請教專家和醫生，配合體質攝取才能收事半功倍的效果。

二 健康食品知多少？

健康交流站

老爸自前年以來身體就明顯衰退了不少，許多老年性的疾病也一一併發，家人都十分擔心，並苦苦勸他要上醫院檢查及治療。可是頑固的老爸偏偏聽信左鄰右舍老朋友介紹的一些奇奇怪怪的食品，認為只要定期服用，便可達到比西藥更大的療效，並且沒有副作用。但我卻非常困惑，健康食品真的能夠替代藥物嗎？還是它們之間有什麼差異呢？

大醫生紙上開講

我想您的困惑也是許多人共同的問題，讓我為您簡單地說明健康食品的性質與作用。

·健康食品不是藥

人類具有自然的治癒力，例如：傷口癒合、抵禦疾病等。健康食品和藥物的不同之處，在於不是對疾病的各種症狀直接加以治療，而是協助體內所有之自然治癒力，使其活性化。

「健康食品」即是由各種天然食物，如植物或動物的體內，經特殊培育或採集過程，再經殺菌精煉而成的食品；然而為了保持食品的安定性和便利性，這類食品即以粉末狀、液狀、膠囊狀出現，也因為一般人的認識不夠，常常由其外觀之印象，而誤認為藥品。

·健康食品簡介

所謂的「健康食品」可區分為兩大類型：

一種是種植時不用化學肥料，而以天然堆肥孕育的「有機」農產作物，以及不含任何人工添加物的純淨天然食品。這是近十餘年來，歐美人士風行的回歸自然系列產品之一。

另一種類型，是比較接近食療的營養補充品，如專攻手術後調養的配方食品、高單位綜合維他命等。

若由原料來區分則大致如下：

單方材料：如香菇精、綠藻、螺旋藻、大蒜油、小麥胚芽油等。
複方材料：由多樣單方材料所組合，如鮭魚油、糙米酵素（加蜜）等。
傳統式營養輔助食品：如魚肝油、麥芽精、涼杭菊、驅風熱、蜂蜜等。
一般食品代用品：如精鹽、精糖、味精多攝無益，故發展代用品。

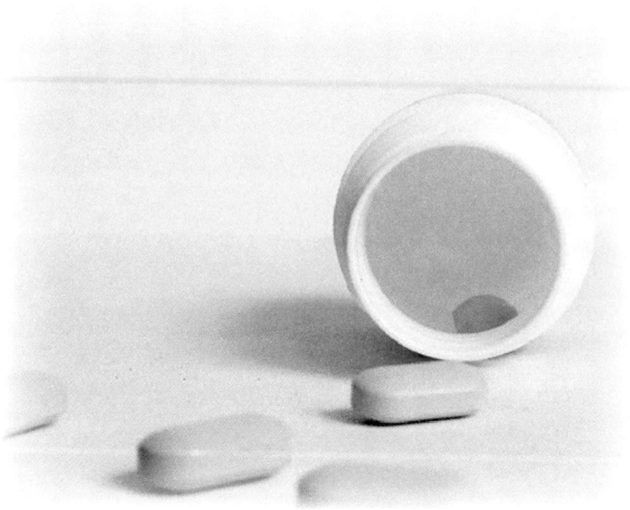

三 為何需要健康食品？

健康交流站

青青在一家廣告公司上班，由於工作忙碌，時常加班，甚至熬夜趕工，不論在精神上和體力上，都很容易消耗和疲乏。所以同事之間開始流行吃「健康食品」，種類包羅萬象，真不知自己適合哪種健康食品。而青青也想知道，我們為什麼需要吃健康食品呢？除了增強體力，強壯身體之外，是否還有其他原因？

大醫生紙上開講

現代人置身於高污染的環境，加上高熱量、高脂肪、高醣類、高鈉的飲食形態，導致疾病叢生；尤其是糖尿病、心臟病、高血壓、腦血管疾病、痛風、肥胖、癌症等慢性病，難免令人心驚膽戰，願意一試健康食品的功效。

需要健康食品的主因，可歸納為以下六點：

偏食：一般人沉迷於各式的精緻食品，如速食、肉類、加工食品、糕餅……等，多為一些無營養高熱量的食品。食物的五大類營養素中，大部分的人幾乎只在醣類、蛋白質、脂肪上打轉，而導致了腦滿腸肥的結果。對礦物質和維他命則興趣缺缺，終於因吸

收不足而使得人體酵素無法有效運作，造成對身體的傷害。

污染情形嚴重：河川及水源地的污染，社區飲食不潔而致病；空氣污染和噪音，使人產生壓力，陷人精神緊繃狀態。

加工食品中的添加物：醃製物含亞硝酸，貢丸、油麵含硼酸，沙士裡有黃樟素。此外，更有許許多多的人工甘味、色素、防腐劑……充斥在各種食品中。

農藥過度濫用：蔬果上殘留的毒素，在人體內累積而影響健康。

健康食品的攜帶和食用極為方便，而且標榜無副作用及後遺症，適合大眾食用，所以在養顏強身的功能上，深獲大眾喜愛。

四 誰最適合健康食品？

健康交流站

隔壁的張媽媽向來篤信健康食品的功效，因此時常買了一大堆各式各樣的健康食品，給她正準備聯考的兒子阿強吃。可憐的阿強每天不知吞了多少五顏六色的藥丸。我問他感覺如何？他說：「反正吃了讓老媽安心就是了。」但是我真的不懂，難道健康食品可以這樣隨便吃？我個人認為各種健康食品的需要與否，應該是因人而異的，不曉得我的看法對不對？

大醫生紙上開講

您的顧慮是對的！舉例來說，時下炙手可熱的卵磷脂，食品專家認為，它可能比較適用於無法攝取豆類食物的特殊患者，加以補充營養之用。一般正常體質者，只需三餐均衡攝食，便可由日常的豆類及蛋類食品中，獲得足夠人體所需的卵磷脂。

由此可見，健康食品雖然十分大眾化，嚴格說來，仍有設定某些特定情況：

發育中的兒童。

需要肌膚細緻柔嫩的人（自然的食物美容）。

補足偏食習慣而且欠缺營養的人。
虛弱不良的體質（易於吸收改善）。
彌補體力及腦力的大量消耗（上班族）。
對疾病患者能以自然的方式改善及恢復健康。
產前與產後的營養補充（食補）。
開刀前後（病中，病後）營養的調理。

Chapters 4

時髦的健康食品

一 炙手可熱的卵磷脂

健康交流站

卵磷脂是目前健康食品中，最能博得消費者喜愛的產品。許多促銷廣告指出，食用卵磷脂後，具有排除膽固醇、促進腦神經發育、增強記憶力、防止老化、預防老年癡呆症、養顏美容、生髮、強肝、預防糖尿病，促進肺臟、腎臟機能、降血壓，甚至減肥等功能。但事實上，它真的有如此神奇嗎？

大醫生紙上開講

卵磷脂（Lecithin）是由希臘文的蛋黃「Lekithos」一詞衍生而來，因此以前被翻譯為蛋黃素。

磷脂質遍佈於人體的腦、脊髓、心、肝、肺及腎臟等組織中，約佔人體重量的40％。食品中的蛋黃、大豆、葵花籽、玉米胚芽、花生等，均含有高量的磷脂質。由於豆類的來源充裕，因此一般市售卵磷脂（即綜合之磷脂質）多由大豆提煉而來。卵磷脂有調節酵素活性，控制細胞內外物質交換，提高血液中高密度脂蛋白（HDL）濃度的功能，可降低血管中膽固醇量，促進脂肪的正常代謝，進而減少心臟病、動脈硬化及中風的發生率。

不過，預防心血管疾病並非卵磷脂特有的功能，一般含不飽和脂肪酸的植物油及魚油，亦有相同的作用。而且磷脂質的重要成分之一是高熱量的脂肪酸，不明所以的人，若是大量攝取，不但不會出現廣告中所說的減肥效果，還有造成肥胖的可能。

此外，有人說吃卵磷脂可以生髮，或是有利尿的作用，其實這些傳言都僅止於醫藥上的假設，至今還沒有臨床上的研究結果來支持這些論點。

健康小叮嚀

卵磷脂如同一般維生素，固然為人體所需，但是由豆、蛋類食品中很容易充分獲得，而且人體在肝臟內方可自行合成，不虞匱乏。

對一般人而言，卵磷脂並非必須營養素，人們實在不必花一大筆錢，來換取食物中本來就含有的成分。除非是患有酒精性肝硬化、痛風、心血管疾病的病人，因體內卵磷指的需要量增加，或是無法大量攝食豆類或蛋類食品，應可依醫師指示，酌量增加對卵磷脂的攝取。

購買市售卵磷脂時，消費者應特別注意包裝上的營養成分標示，選擇磷脂質純度高、亞麻仁油酸及次亞麻仁油酸含量高，且標示清楚的產品。

二 每天生吞四十九顆黑豆？

健康交流站

近來民間突然開始流行吃黑豆，而媒體也陸陸續續的披露討論起來。一時之間，掀起一股黑豆養生的熱潮，尤其「每天生吞四十九顆黑豆」成了人人朗朗上口的口訣，到底可信度有多少？

大醫生紙上開講

吃黑豆雖然有助健康，但不宜生吃。

豆類食品對於攝取過多動物性油脂和膽固醇食物者而言，是最好的血管清道夫，不但不必禁食，還得鼓勵大家多吃才對。這也許正是黑豆風潮興起的原因之一吧！

黑皮綠肉的黑豆，本身除具有固腎保肝的作用外，還具有清熱解毒的功能，中醫最著名的解毒劑便是黑豆甘草湯。因此，有些慢性病症狀者在服用初期，可能會出現一些特殊狀況，不明原因的病人，可能誤以為吃出毛病而不敢再持續服用。

從營養學的觀點看，黑豆的蛋白質含量高，品質和黃豆相近，都是不錯的蛋白質；其所含油脂具高含量不飽和脂肪酸，且其中的卵磷質、植物固醇和皂素，都具有降低血中膽固醇的功能，對高血壓、動脈硬化等疾病患者大有助益。

此外，黑豆的礦物質含量有鈣、磷、鐵、銅、鎂、鋅、硒……等，因此可預防骨質疏鬆、貧血、大腦老化，抗早衰、保持身體功能完整。並含有豐富的維生素E和B族群，被認為具有保持青春、美容養顏的功效。其中泛酸的高含量，更被視為是使黑髮延緩變白的有力證據。而黑豆中大量的纖維素、果膠質、寡糖……等，確實可促進腸管蠕動，改善便祕現象，減少痔瘡、大腸、直腸癌的發生。

就一般豆類食品的特色而言，它們都含有豐富優良的蛋白質、礦物質、維生素、纖維素和油脂，其中所含的卵磷脂、植物固醇及皂素更是珍貴，都具有降低膽固醇的作用。

對於過分神化某一種食療方法，而導致過度攝取，或生吞像黑豆這麼堅硬的東西，恐怕並不符合人體健康原則。因為，所有食物中的營養素，一定要藉助消化的功能才能被身體吸收，而增加消化率要經由煮熟、嚼碎的過程，使食物變得更容易和消

化液混合，使易於分解、消化、吸收才行。否則再好的食物成分，再高的營養濃度，光用囫圇吞肚的吃法，對人體並沒有幫助。

健康小叮嚀

時下各種食療偏方多得不勝枚舉，但大多缺乏具規模科學研究數據。有些療效並不明確的食療法，如果體質不合者服用，照樣會出問題。例如，有些人以淡鹽水配黑豆服用，因鹹味有助腎氣功效，可是有高血壓及心血管病患者，就必須改用開水吞服。

生黑豆不好消化，吞下去後，往往來不及在體內消化，即予以排出，因此有促進排便的功能，但這種作用，無論黑豆、黃豆、紅豆或綠豆均有類似功效。如果真要改善便祕現象，應多吃蔬菜水果、多喝水、多運動、放鬆心情，及適當的休息睡眠，可能是更理想的做法。

三 來自大自然的靈芝

健康交流站

在民間傳說或武俠小說中，靈芝似乎有起死回生、藥到病除的神效。看武俠小說成癡的任大行想了解，在現今科學的鑑定下，靈芝是否還這麼靈？及是否真具有多種不為人知的好處呢？

大醫生紙上開講

最普遍的說法是，靈芝對癌症的預防及減輕癌症的痛苦有顯著的效果。事實上，靈芝中所含有的「多醣體」確實有增強免疫功能的作用；其原理是藉由中量及小量的靈芝多醣體，來刺激免疫細胞，使其分泌抗癌性的細胞激素，進而能達成抗癌的功效。不過，靈芝多醣體的萃取成本十分高昂。

除了多醣體之外，靈芝尚包括兩種主要成分，分別是「三類」與「有機鍺」。

目前已知的靈芝三類物質，其生理活性有：

靈芝酸Ｃ、Ｄ，具抗過敏之生理活性。

靈芝酸Ｋ、Ｓ、靈芝醛Ａ，對降低高血壓具有功效。

靈芝菌絲中分離出的類固醇，具有降低血脂肪的效果，對於肝功能障礙亦有降低GOT、GPT的作用。

同時，此三類亦是評量靈芝產品品質的重要指標。原因是在加工過程中，如經萃取、濃縮、乾燥、加溫等程序，三類會在高溫或氧化等過程中被破壞，而失去原有功能。

另外，靈芝中「有機鍺」的成分，被視為具有促進血液循環與新陳代謝的功能。根據研究顯示，靈芝「有機鍺」含量應約在20 ppm左右，與一般蔬菜的含量相似。

健康小叮嚀

想要購買靈芝，必須注意的是，靈芝種類繁多，來源不明，且靈芝屬一年生的植物，木植化後，有效成分將大為減少，因此，以經人工育種、栽培而成的靈芝較為可靠安全。

雖然靈芝所含的「多醣體」可增進免疫功能，但機體免疫力對癌細胞的遏制有一定的限度，一旦癌症惡化，仍需採取手術、化學治療、放射線等醫學補救措施。靈芝只是扮演輔助角色，用以提升健康狀況和免疫功能而已。

四　吃魚油降血脂

健康交流站

喜歡到各地旅遊的張老師，發現一個有趣的現象：住在寒帶，多數吃動物性食品的愛斯基摩人，卻很少罹患心血管方面的疾病；但現代人講究飲食，卻吃出不少毛病。血脂肪過高是一般人的通病，為什麼以肉食為主的愛斯基摩人反而沒有這種困擾，這與他們平日攝取大量水產品，是不是有相當程度的影響？

大醫生紙上開講

魚油中確實具有降膽固醇和三酸甘油脂功效的DHA及EPA成分，並在各種魚類中普遍存在。有一些魚油膠囊的製造廠商，宣稱他

們的產品提煉自深海珍貴魚類；這是因為在高緯度、寒帶、深海中生長的魚，為了因應低溫嚴寒的環境，所以皮下脂肪較厚，可提煉較多魚油，和魚的珍貴與否無關。更何況，魚油的EPA、DHA等，不只在魚類中才能提煉出來，花枝、烏賊等水產品中，也不乏此類成分。

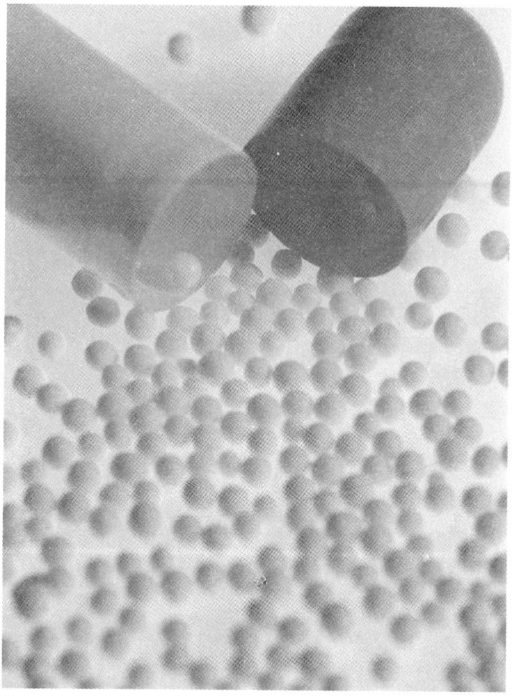

魚油在降低血脂肪方面是有效果，但並不是鼓勵把魚油膠囊當藥吃，甚或視為「魚」的替代品、萬靈丹，以為能治百病，那就言過其實了。儘管魚油具有降低三酸甘油脂及減少壞的膽固醇的功用，不過，想靠魚油膠囊預防衰老或保持皮膚光滑，可能會適得其反，到頭來還得補充維他命E，免得皮膚失去原有的光澤。

值得注意的是，魚油對血脂肪越高的人越有效。但當降低臨床界限左右時，其效果就因人而異，可能同時要考慮熱量的控制或其他因素，才會有更好的效果。

健康小叮嚀

平心而論，想控制高血脂肪，還是從飲食方面著手最好。不喝酒、不吃甜食和油炸食品，避免油脂含量過高的食物，並多吃白色肉類如雞、魚肉等，如能切實遵守各種飲食標準，控制血脂肪應不成問題。再不然，還可以加上藥物治療，因為現在控制高血脂的藥物極多，效果也比魚油明確。至於糖尿病合併高血脂患者，使用魚油會影響血糖代謝，所以不宜貿然服用（魚肉則不需限制）。

對於一般身體狀況良好，只是想藉魚油膠囊控制膽固醇或三酸甘油脂的人，則必須注意攝取的份量，免得因服用太多，胃腸吸收不了，導致腹瀉。最好是以每天1.3公克為宜。

五　喝好醋好處多

健康交流站

隔壁的朱先生，老是抱怨老婆醋勁太大，常讓他下不了臺；而朱太太總是回以：「吃醋有益身心，有什麼不好？」朱先生聽了後哭笑不得。他不明白，食用「醋」真的有好處嗎？雖然此醋非彼醋，他還是想了解一下。

大醫生紙上開講

關於朱先生夫妻之間的困擾，恐怕有賴彼此的再溝通，至於「醋」的效用，我倒十分樂於解答。

在調味料之中，對健康最為密切的物品就是醋。醋可以使胃液的分泌活耀，有助消化且能防止疲勞，它還有非常多的好處，如能善加利用的話，實為保健上的一大助力。

從實驗的結果得知，食用醋的效能很廣，因為它含有豐富的阿米諾酸，加上維他命B類、有機酸、無機物來發揮它們的功能。所謂醋，不是泛指任何的醋而言，真正的醋是指經由靜置發酵法（將近一年的時間）所釀造的純粹粳米醋（粳米即俗稱之糙米）而言。

粳米醋的效用十分廣泛：

1．粳米醋對於腎臟活性化很有功效。

2．粳米醋可以減輕肝臟的負擔。

3．粳米醋能有效地減低高血壓的禍根——鹽分。

4．粳米醋的殺菌效能可治香港腳。

5．粳米醋可以防止青春痘和狐臭。

6．跌傷與刀傷可用粳米醋消毒。

7．口臭、口腔炎可用粳米醋漱口。

正常規律的飲食，是健康之道的不二法門。若一方面重視飲食的生活，同時一方面又有效地利用醋的療效，就更不會錯。

健康小叮嚀

加工品或醃製品都是使用很多的鹽而使口味加重，所以要盡可能避免食用加工品。平常烹調的時候，若覺得口味不足，可以自行利用醋和香辛料來彌補。每天只要八克的鹽，就可以滿足食慾了；而酸味可以彌補淡味，進而能刺激食慾。

六 魔鬼剋星——大蒜

健康交流站

近來蒜頭價位高居不下，或許是物以稀為貴吧！但莉莉可不在乎價錢是否貴得離譜，她關心的是大蒜是否真有防止老化、增強精力的功效。若果真如此，那麼再貴她還是會大量購買、努力食用。

大醫生紙上開講

人類由17到20歲左右，身體發育已達到成熟的頂點。身體機能在30歲左右，會開始漸漸老化。

如此老化現象也以各種形態出現。例如由40～45歲左右時，牙齒特別容易損壞，或視力低落等，其他內臟器官也會慢慢出現各種問題。人類渴望長壽，因此尋求各種方法或祕藥，隨著科技日新月異，慢慢地發現在體內所形成的荷爾蒙，和人類的老化有密切之關係。

荷爾蒙在體內只有極少量，以機械為例，則有如潤滑油的功能，是身體各機能順利進行極重要的物質。一旦因某種因素而荷爾蒙不足時，身體的各機能便遲鈍或退化，甚至漸漸老死。可是平常就有在服食適量大蒜的人，大蒜內的成分便能刺激腦部或副腎等器官，使之充分分泌荷爾蒙，維持其正常運作，能使老化速度減緩。

不過，除了「防止老化，增加精力」的功效外，大蒜還有不少促進人體健康的功能：

1．可預防感冒。
2．改善食慾不振。
3．抵抗結核菌。
4．防止動脈硬化。
5．保護肝臟。
6．改善貧血症。
7．大蒜濕敷能輕鬆治好肩膀痠痛。

值得注意的是，大蒜生食效果最好，加熱後則要迅速食畢。

健康小叮嚀

攝取同樣的大蒜，有人明顯出現藥效，有人卻毫無反應，這是因為各人體質的差異，所以大蒜的效用，依各人身體狀況的不同來決定。更重要的是，不可因為這種東西對身體有益而任意多吃，只要攝取適量即可。

但重要的是，要多了解自己身體的狀況，才能善加利用大蒜，例如空腹時攝取大量大蒜的話，往往會產生胃痛或下痢，因此攝取生大蒜時，最好和其他食物一起進食，或先進食其他食物後再服食大蒜才好。而容易引起皮膚斑疹或有濕疹的人，最好避免吃大蒜。

七 真正的菌食——香菇

健康交流站

香菇往往被列為高級菜餚的一種，做為出色的重要配料它的確十分稱職。而實際上，香菇的營養成分及對人體健康的功能又是如何呢？

大醫生紙上開講

在中國傳說的食品中，就有味噌、醬油、菜油等。另外，醃漬類及醃漬的豆類，是包括在菌食裡。而麵包、奶油、乳酪、酸乳等等，也都是菌食的代表，還有陳年老酒、甜酒、啤酒、葡萄酒及威士忌等，都算是菌食。

但香菇、松菇、草菇、洋菇、木耳等菇類，也屬於菌食的一種；不僅如此，這些菌食的營養價值，都比其他食品更高一等。

所謂菌，簡單的說，即不含葉綠素，是不行光合作用的寄生生物。所有的植物都會進行光合作用，而菌類沒有這個作用，因此，菌類與植物是有所區別的。

菌食又含有非常特別的藥效，例如對於維持健康和增強體力，以及治療流行性感冒、神經痛、高血壓、胃腸障礙等，菌食的確隱含著無比驚人的多種效能。

菌的主要代表——香菇類，是由整個菌所形成的唯一菌食，所以我們說，香菇類才是真正的菌食。自古以來，凡是可以吃的菇類，都被中藥處方所重視，其中尤以香菇為代表。其重要效用如下所列：

疾病的種類很多，其中由濾過性病毒所引起的感冒、水瘡，及各類癌疾病的預防，香菇都具有很大的效用。

一般而言，若吃了大量的肉，易引起膽固醇增加，而且會發胖，血壓也會增高。但如果同時與香菇一起食用，則香菇會有壓制膽固醇的功效。

香菇本身具有活菌，以及一些寄生在它上面的有益菌類，能夠給人體刺激，製造對不良濾過性病毒的抗體，而形成預防感冒、癌症等疾病的力量。而且對這些病的治療也有很大的效用。

如果將香菇的根部分加以煎煮，則可以用來治療糖尿病及肝病等病症。

健康小叮嚀

為了維持健康，每天大約食用3～4公克香菇最為適當。這個份量相當於水分多的中等生香菇約2～3朵，或者是圓圓的乾香菇一朵或一朵半左右。將這些香菇以烤、煮或燒成各種菜餚每天食用即可。

有些小孩不喜歡吃香菇，但是孩子到了十二、三歲時，就應該每天食用約一朵生香菇。可以將香菇切成細絲加在漢堡或其他食物中，讓小孩在不知不覺中進食。

如果是為了治療疾病，則必須把前面所述的用量加二倍，每天攝取即可。

附錄 1

營養的平衡觀念

雖然大部分的人都曾吃過各種人工合成的維他命丸、片和膠囊，但假如能由天然食物獲得的話，幾乎是沒有必要額外補充人造維他命及營養品的。但遺憾的是，這對現代人而言，實在是不可能的事。

現在我們所吃的一切食物，多多少少都經過了加工，而且每次加工就會失去一些營養，於是「工」加了，營養則「減」了。

因此，為了維持體內各種營養的平衡，有時也不得不藉助人工製造的營養劑，例如：沒有吃到足夠的脂肪或吸收足夠的維他命D，光吃鈣是沒有用的，而且還要吃鈣數量一半的鎂以平衡之。如果您吃了維他命A，而沒有吃足夠的維他命E，以防止它受到破壞，也是沒有效果的。相反地，在天然的食物中，因其中所含營養平均，就不會產生這方面的困擾及麻煩。

總之，每人每日約需要四十種左右的營養素，我們得到後，不但要避免受到其他因素的破壞，也要盡可能保持愉快的心理，以便消化吸收。

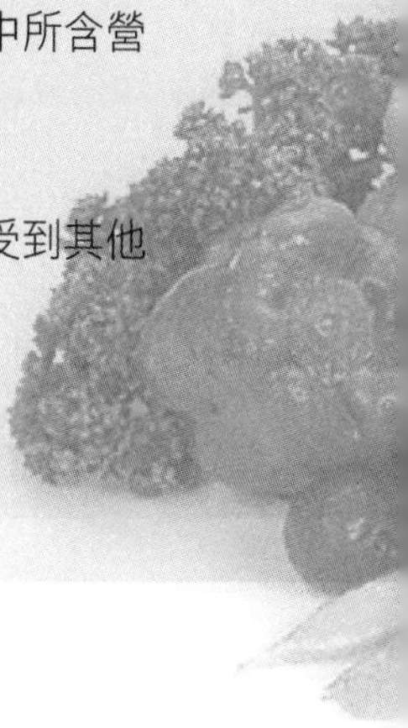

重要營養食物列舉：

一夸脫全脂牛奶或酸乳酪：如果健康情況很差，每天喝八盎斯酸乳酪是必要的。

全麥麵包和未精煉的穀類食物煮的稀飯，再附加麥胚芽：如果需要獲得多量維他命B群，每天還要附吃酵母和動物肝臟。肝臟裡所含的蛋黃素是膽素和肌醇的主要來源，酵母和蛋黃素裡含磷很高，每磅必須加入四分之一杯的乳酸鈣和一大匙碳酸鎂，攪拌均勻以平衡之。或者購買加了鈣與鎂的酵母，但以啤酒酵母為佳。

含完全維他命A的食物：綠或黃色的蔬菜和水果、肝、奶油都含有。如果成年人需要量多，而又不能由食物中獲得，就要服用維他命A錠劑了；小孩則宜服食液態的魚肝油。

柑橘類水果：要連白嫩皮一起吃。或每天喝八盎斯新鮮橙汁、葡萄柚，或喝12盎斯不加糖的罐裝或冷凍天然果汁，以獲得足夠的維他命C。

維他命D：小孩要喝液態鱈魚魚肝油，大人可吃魚肝油膠囊。

碘、食鹽：鈉要少吃，碘是絕不可缺乏的。

油脂：吃生菜或烹調蔬菜時，一、兩匙未經氫化的沙拉油是需要的；以黃豆、花生或紅花籽炸的油最好，用後要放在冰箱內。

蔬菜：午餐、晚餐要吃些生蔬菜，若煮熟的綠色蔬菜要吃三種以上；如果熱量消耗得多，含澱粉質的蔬菜要多吃。

除喝天然果汁外，必須要吃兩種以上的水果。黃色的水果比淺色的要好，生吃比熟吃要好，熟吃比冷凍的好，冷凍的比罐裝的好，不加糖的比加糖的好。

每天要吃兩次肉，包括禽類、魚類；另外還有蛋、乳酪或高蛋白食物的代用品。一星期要吃兩次以上動物的肝、心、腎和小牛、羊的胰臟；一星期要吃幾次海鮮食物。如果膽固醇過高，一星期可吃兩、三次牛、羊肉，魚和禽類四、五次，避免吃豬肉。

除了正確的烹調、調理之外，攝取食物還必須盡可能保持食物的天然狀態；新鮮食物要妥為儲存，以免營養素白白流失。這些都是淺顯易懂的原則，只是常被忙碌的現代人所疏忽了。

重要營養素來源

維他命Ａ：深顏色的水果和蔬菜、奶油、蛋、肝、魚肝油和維他命Ａ丸。

維他命Ｂ群：酵母、肝、麥胚芽、未經加工的穀類食物製品，這類食物的製品不能加香料、色素等添加劑。（含單項維他命Ｂ的食物：牛奶含B_2，綠色蔬菜含和葉酸，肉類含菸草酸，蛋黃素裡含膽素和肌醇。）

維他命Ｃ：柑橘類水果和果汁。任何新鮮水果和蔬菜都含有維他命Ｃ，但要生吃。

也可吃維他命C丸或片劑。

維他命D：液態魚肝油和膠囊，或加維他命D的牛奶。

維他命E：麥胚芽、未精煉的豆油及其他植物油，也有天然維他命E膠囊。

維他命K：腸內細菌可以製造。假如食物中不缺牛奶、不飽和脂肪酸，又沒有吃抗生素藥物，一個健康的人是不會缺乏維他命K的。常吃酸乳酪，腸內這種菌便會增加。

維生素P：柑橘類水果果肉上附著的白色嫩皮中含有維生素P，如果吃了大量的維他命C，此物則不需要了。

亞麻仁油酸：也就是主要不飽和脂肪酸。植物油類的紅花籽油、豆油、玉米油、棉籽油、未經氫化的堅果裡都含有。

鈣：無論是全脂牛奶或脫脂奶、奶製品內含量均豐，此外由魚骨粉或鈣片均可吸收到鈣。

鐵：肝、酵母、麥胚芽、肉類、蛋黃、未加工的穀類中均含有。

磷：奶、蛋、乳酪、肉類，所有未加工的食物中均有。

碘：加碘食鹽、海藻裡都有。

鎂：水果、蔬菜，尤其是沒使用化肥、而土質肥沃所栽種出的綠葉蔬菜含量更豐。

此外每天吃四分之一至二分之一小匙或二至三片碳酸鎂、氯化鎂也可以。

鉀：蔬菜、水果、肉、魚、堅果類及未加工的穀類食物中均有。假如碘的來源不缺，最好每天吃等量的氯化鉀。

微量礦物質：海產、肝、綠色蔬菜、蛋黃……等裡面均含有。在含有微生物的土壤中栽種的穀類食物（必須未加工）也含有；此外就是人工合成的微量礦物質片、丸劑了。

蛋白質：奶類、酵母、魚類、酸乳酪、奶油、起司、肉類、魚類、蛋、黃豆。

固體食物：水果、蔬菜，未加工的穀類食品。

液體食物：奶類、果汁、湯，各種加工的飲料等。

營養飲料配方大公開

- 配方一：兩個煮熟的蛋黃或整個蛋，一小匙蛋黃素，一小匙植物油。
- 配方二：半小匙乳酸鈣或四小匙葡萄糖鈣。
- 配方三：四分之一杯酸乳酪，或一小匙乳酸菌培養液。
- 配方四：兩杯全脂或脫脂牛奶，四分之一或半杯酵母。
- 配方五：四分之一或半杯非即溶奶粉，或半杯至一杯即溶奶粉。

・配方六：半杯純橙汁，少許的碳酸鎂或氧化鎂。

上述的營養飲料仍可以加半杯豆粉或是麥胚芽，以增加蛋白質。此外，還可加一小匙碘、香蕉、碎鳳梨、海藻、各種純果汁，以增加其味道。若喝牛奶不習慣，可改以果汁、酸乳酪當基本液體。若不怕熱量太高，則可用脫脂奶或奶粉做基本液體，如酵母、鈣、鎂、酸乳酪等，再加一小匙植物油，果汁或水果可以不加。

當傳染病流行或壓力太大時，每2～3小時要喝三分之二杯這種營養飲料，並要附加50毫克的泛酸、1500毫克的維他命C。如果再加上其他的營養素，甚至可以不必吃正餐，一般人在早晨喝一杯也就夠了。

因為早餐的食用與一天的精力息息相關，所以必須要吃高蛋白質，附吃少許脂肪與澱粉，量不必太大。午餐也要吃高蛋白食物、適量的澱粉及一些富脂肪的食物。晚餐則不必太講究，攝取量也不要太多。

人造營養有其必要

人造的營養素當然沒有從自然食物中獲得的好，但是當我們不能得到足夠的量和壓力太大時，則不得不吃些人造的以應付身體所需。

沒有一種營養可代替另一種營養，而且要想由食物中得到充足的份量，也是很難的，因此要吃人工合成的營養品；人工合成的營養品固然容易買到，但其所含的成分多不確實，也不合實際需要。而且只是一種營養劑，絕不可能應付全身的需要，所以注意營養劑的質量就顯得格外重要。

如果要達到治療某種病的效果，含量多少是非常重要的。例如要降低膽固醇，含100毫克的蛋黃素丸（膠囊），要吃18顆才行；又如蛋白質的合成營養劑，就摻雜有酵母、奶粉或豆粉等，但出售的價格卻高得驚人，如果要把這些東西分開買，不但價格便宜，而且所得到的營養更多。

買任何營養品之前，要先看清楚標示上寫明的成分與劑量多寡，而且將同一種營養劑與各種不同的廠牌逐一做比較，最後選含量足、成分多、價格公道者購買。

有些維他命劑包裝上並未註明服用的方法及劑量，因此讓消費者不知該吃多少才好。一般較易傷胃的藥，多會提醒服用者吃飯時或飯後再吃，不過維他命劑大多並未標示，這也證明維他命並不會傷害消化器官。所以假如是未特別指定條件的維他命，隨時服用照理說應無大礙，但由於飯後消化器官的活動會變得較活躍，而維他命也較易被吸收，因此服用時間最好選在飯後。

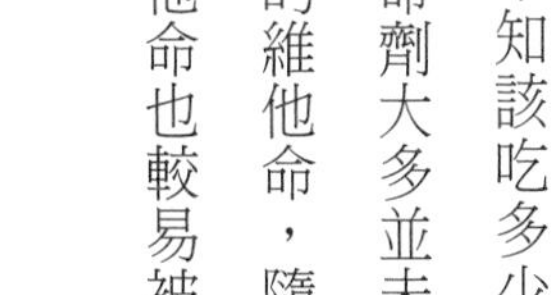

營養劑的單位

維他命多以「毫克」為單位，但維他命A及D則以IU（國際單位）為計算單位，此乃其「功效」的換算單位。事實上，1IU維他命A約相當於0.0003毫克；1IU維他命D則相當於0.000025毫克。此外，維他命B_{12}則以ug（百萬分之一公克）為計算單位。雖然以上的維他命計算單位都很小，但其發揮功效卻十分可觀。

附錄 2

鋅
維生素、葉酸功效
酵 素
拯救視力的新寵——葉黃素（Lutein）
木寡糖
蜆萃取粉
牡蠣萃取粉
力而美葡萄醣胺＋軟骨素

一　鋅

鋅這種本來是與銅、鐵、錳等同屬於人體所需的微量金屬元素的礦物質，近幾年來因被醫學證實與男性性能力有關，而被市場炒熱。如果你留心一下會發現，現在一般開架式的藥房多了許多你以前較少看到的「鋅」。

鋅是體內抗氧化酵素的重要成分，它可強化血球細胞活性，可以抗氧化、抗癌、促進生育力，醫學上曾證實因為男性的精液中含有大量的鋅，體內鋅的不足的確會影響精蟲數量與品質，而且會使睪固酮下降，不但影響生育還會使免疫力降低；在女性它同樣可以促進子宮的血流，也有增進生育的作用，同時也可使皮膚、毛髮、光澤有彈性、恢復指甲的色澤等。在國外常見鋅與維他命C的合劑（大部分是維他命C500mg配上鋅5mg），因為鋅與維他命C在一起可以強化人體的免疫系統，可以用來制伏感冒。

鋅的需要量很少，卻非常重要，因為人體中大部分的鋅，都是體內酵素的重要成分。體內有各種不同的酵素，它們是人體中許許多多化學反應的催化劑，少了這些催化劑，人體的新陳代謝就會停擺，造成生命現象無法延續。鋅所參與的酵素反應，多半和生長發育及細胞分裂有關，因此缺鋅會導致生長遲緩，也會造成皮膚、腸道黏膜、免疫系統的受損等，這些都是細胞分裂旺盛的組織。也因此，皮膚的健康，免疫機能的完整，和鋅都脫不了關係。

科學研究顯示，鋅是人體內200多種酶的組成部分，它直接參與了核酸、蛋白質的合成、細胞的分化和增殖以及許多重要的代謝。人體內還有一些酶需要鋅的激活而發揮其活性作用。鋅是人體生長發育、生殖遺傳、免疫、內分泌等重要生理過程中必不可少的物質，人體含鋅總量減少時，會引起免疫組織受損，免疫功能缺陷，所以鋅被人們譽為「生命之花」。

鋅在人體中的作用

1．促進兒童智力發育

鋅缺乏的兒童智力發育不良，而體內鋅含量相對較高的兒童，則智力較好且學習成績優良。

2．加速青少年生長發育

鋅參與對身體發育有密切關係的激素之合成，故對正值發育期的青少年有其特殊的營養價值。

3．維持和促進視力發育

人眼中的鋅含量較高，眼中以視網膜、脈絡膜含鋅量最高。鋅參與肝臟及體內的維他命A還原酶的組成，這種酶是主宰視覺物（視黃醛）的合成和變構的關鍵性酶。所以缺鋅將會影響視力和暗適應的能力。

4．影響味覺及食慾

缺鋅時口腔黏膜上皮細胞增生及角化不全，易脫落，阻塞舌頭味蕾小孔，使食物難以接觸味蕾而影響味覺，進而影響食慾。

5．與男子生育有關

與生育有關的微量元素中尤以鋅的缺乏最為常見。當鋅不足時，腦垂體受到影響，促性腺激素分泌減少，可使性腺發育不良或使性腺的內分泌功能發生障礙。

6．缺鋅會出現老年癡呆症

研究發現，如果海馬體中鋅含量不足，老年時出現記憶力減退、四肢活動障礙、思維功能異常，甚至出現早發性老年癡呆症。

7．維持人體其他功能

鋅能增加創傷組織的再生能力，鋅以促進創傷組織再生，進而促使傷口癒合，治癒皮炎；鋅與許多皮膚、黏膜疾病有密切關係；鋅還可以提高免疫活性細胞的增殖能力，刺激抗體反應，提高免疫功能。

鋅的參考攝取量（DRI）

年齡性別	美國（mg/day）	台灣（mg/day）
0-6個月	2	5
7-12個月	3	5
1-3歲	3	10
4-8歲	5	10
9-13歲	8	10
14-18歲	男11女9	男15女12
19-50歲	男11女8	男15女12
51歲以上	男11女8	男15女12
孕婦14-18歲	12	15
孕婦19-50歲	11	15
乳婦14-18歲	13	15
乳婦19-50歲	12	15

現代人缺鋅的原因

一、是攝入不足：每100克動物性食品含鋅3～5毫克，而同樣的植物性食品中只含1毫克左右。所以以素食為主要飲食結構的家庭，會因植物性食品中鋅元素的含量不足而缺乏此類物質。米麵類食物因其含植酸、草酸及纖維素使鋅的吸收利用率低，亦易引起鋅缺乏。挑食、偏食等也會導致鋅攝入不足。

二、是需求量增加：生長發育迅速者易出現鋅缺乏，新陳代謝旺盛使鋅消耗增加。在某些應激狀態，患惡性腫瘤、感染性疾病時鋅需要增加。患慢性腎臟病尿素症時鋅容易丟失。

三、是吸收利用障礙：慢性消化道疾病影響鋅的吸收利用，如脂肪瀉使鋅與脂肪、碳酸鹽結合成不溶解的復合物影響鋅的吸收，腸炎腹瀉時使含鋅滲出液大量排出，長期採用腸道外靜脈營養而未補充鋅，心臟先天性鋅吸收缺陷等，都會發生鋅缺乏。

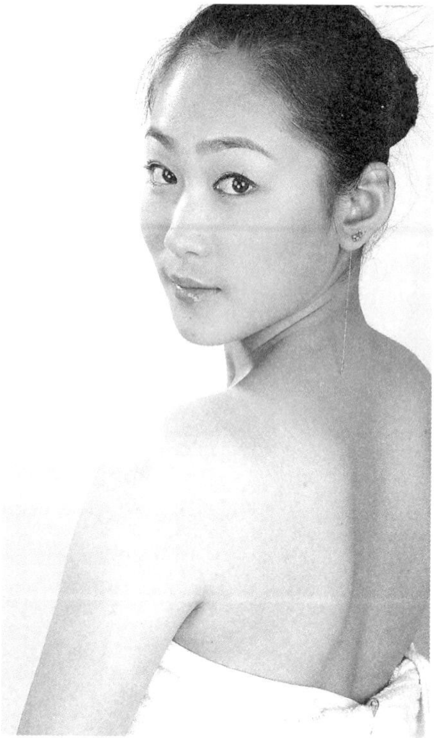

鋅攝取過量的影響

鋅雖是生長不可缺少的微量元素，攝取過多仍是有毒的。每日攝取２公克鋅補充劑時會有噁心及嘔吐現象，長期每日攝取19或25毫克也會影響體內銅元素的平衡。若每日攝取量超過美國營養素建議量５～30倍，有神經、造血、脂質及免疫受損的情形。

１．指甲上呈白斑。

２．缺乏鋅會有粉刺、濕疹及乾癬等。

３．免疫功能減低——易受周遭的感染源侵略。

４．動物實驗發現：缺乏鋅的動物產生睪丸酮激素的能力會受影響。

二 維生素、葉酸功效

維生素B_1功效

1．保持正常食慾、消化力和胃張力。
2．保持神經系統的正常功能。
3．降低乳酸於肌肉中的累積量，以避免肌肉無力、全身倦怠、疲勞。

維生素B_2功效

1．幫助生長發育。
2．維持視力。

維生素B_6功效

1．參與一些氨基酸的代謝轉化合成。
2．當作精神安定劑，以避免精神過敏、易受刺激等現象。

3．緩和憂慮感。

維生素B_{12}功效

1．造血功能。

2．胃腸道、神經系統、骨骼……等細胞中，均具有一定之特定功能。

維生素E功效

1．做為抗氧化劑用，有助於防止多元不飽和脂肪酸及磷脂值被氧化。

2．可保護維他命A不受氧化破壞，並加強其作用。

3．維生素E與碘化合物，證實能預防維生素E缺乏有關的症狀。

4．防止血液中的過氧化脂質增多。

5．降低罹患心臟疾病、冠狀動脈疾病的發生率。

6．維他命E是一自由基，可加強體內的免疫反應。

7．一些研究報告顯示與防癌、抗老化有關。

8．防止血小板過度凝集的作用。

9．增進紅血球膜安定及紅血球的合成。

10．減少因空氣污染引起的效應，進而使肺臟的傷害降低。

11．減少老人斑的沉積。

葉酸功效

1．合成膠原蛋白——以形成軟骨、骨質、牙釉質及血管上皮的重要基質。

2．維生素C可促進膠原之生成。

3．維持結締組織之正常。

4．參與體內氧化還原反應。

5．製造腎上腺類固醇激素。

6．增進傷口癒合及增加對受傷及感染等壓力的感受力。

7．葉酸和維生素B_{12}關係密切，為造血系統中的台柱。

8．骨髓中紅血球之合成即成熟之所必需。

9．蛋白質合成中，葉酸也佔一席之地。

10．現在一些葉酸抑制劑已被用來做為抗腫瘤生長及細胞增生。

三 酵素

酵素是在所有活的動、植物體內均可發現的物質，它是維持身體正常功能、消化食物、修復組織等必需的。酵素是由蛋白質構成的，它們參與幾乎所有的身體活動，目前已知的酵素有數千種。事實上，儘管有足量的維他命、礦物質、水分及蛋白質，如果沒有酵素，仍無法維持生命。科學家尚無法利用人工合成來製造酵素。

每一種酵素在體內都有特定的功能，非其他酵素能完成的。每種酵素的形狀是如此地特殊，以致於僅啟動特定物質的反應。受酵素改變的物質稱為受質（substrate）。酵素先捉住受質，把它握住，然後將此受質與其他分子接合，增加反應速度。細胞大部分的反應均受這些必要蛋白質催化（啟動），這些蛋白質上的礦物質組成使反應得以進行。體內許多反應都需靠酵素，但要注意別讓它們負擔過重。例如，假使身體必須製造足量的酵素以執行消化功能時，則製造正常新陳代謝所需的酵素可能會不足。

雖然身體能自製酵素以供應需求，但也能由食物中獲取酵素。不幸的是，酵素對高溫極端敏感，熱度不高時即可破壞食物中的酵素，因此要從飲食中獲得酵素，最好生吃。煮熟的食物會使所有的酵素流失，那些不吃生食或未在飲食中補充酵素者，無異是在酵素的供應上，給身體施加不當的壓力。因為酵素是提供身體能量的營養素，過分地

使用會損害身體運作的限度，使身體易患癌症、肥胖、心臟血管疾病，及成為其他疾病的宿主。

酵素的功能

酵素輔助體內所有的功能。在水解（hydrolysis）反應中，消化酵素分解食物顆粒，以儲存於肝或肌肉中，此儲存的能量稍後會在必要時，由其他酵素轉化給身體使用。酵素也利用攝取進來的食物以建造新的肌肉組織、神經細胞、骨骼、皮膚或腺體組織。例如，有一種酵素能轉化飲食中的磷為骨骼。

這些重要的營養素也協助結腸、腎、肺、皮膚等排出毒素。例如，有一種酵素催化尿素的形成，此氨化物經由尿液排出，另一種酵素使二氧化碳由肺部排出。

除此，酵素還分解有毒的過氧化氫（hydrogen peroxide），並將健康的氧氣從中釋放出來。由於酵素的作用，使鐵質集中於血液，酵素也幫助血液凝固，以停止流血。酵素也促進氧化作用，此過程中氧會被結合到其他物質上。氧化作用會製造能量。酵素也將有毒廢物轉變成容易排出體外的形式以保護血液。

人體內的酵素種類

人體內酵素可分為兩大類

（1）分解酵素（dissolution enzyme）：將蛋白質、碳水化合物、脂肪分解利用的酵素：如澱粉脢、蛋白脢、脂肪脢。

（2）合成酵素（synthesize enzyme）：合成人體荷爾蒙、蛋白質、碳水化合物、脂肪等：如六碳糖激脢、甘油激脢。

常見酵素

我們常聽到的一些消化酵素，例如：澱粉酵素、蛋白質酵素與脂肪酵素，指的就是酵素所作用的特定對象。後來才慢慢進展到以酵素所催化的化學反應類型來命名。「SOD」，就是一種抗氧化能力很強的抗氧化酵素，被用來協助消除對人體有害的過氧化物——「自由基」。

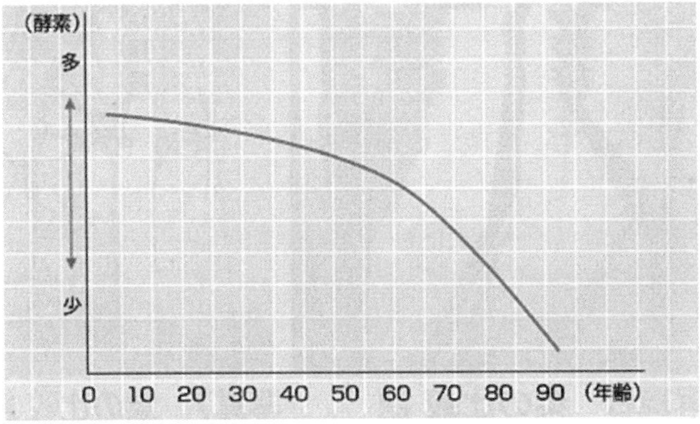

40歲後體內酵素會急速下降

消化酵素

天然食物是由許多的營養素集合而成，為了使食物中的營養素能釋放出來，以供給人體吸收利用，我們要先經過咀嚼食物的程序，使食物變成碎塊以方便消化酵素作用。大部分的在三大類營養素中，蛋白質酵素是最受人們重視的。人體的肌肉，是將我們所吃的蛋白質經過消化分解成胺基酸，在人體內重組而來。蛋白質酵素像是一把切割蛋白質的刀子，將蛋白質切、切、切，切到我們可吸收的小分子，就好像我們吃牛排需要牛排刀一樣。

抗氧化酵素SOD

SOD是抗氧化酵素中比較具有知名度的一種，常見於大麥草、小麥草、綠花椰菜、甘藍菜等深綠色植物中。在營養素攝取足夠的情況下，人體可以利用食物中的營養成分，重組出人體所需的抗氧化酵素SOD。一般而言，綜合植物酵素產品，包括可分解蛋白質、醣類、脂肪三大營養素的酵素，還含有其他酵素（例如抗氧化酵素），對於一般人保健而言是最佳的選擇，可達到多方面的需求。

植物酵素對人體的好處

新鮮的蔬果中都含有豐富的天然植物酵素成分有待人體利用，例如：鳳梨中的蛋白酵素，可以幫助人體消化食物；而芽菜裡往往含有豐富的抗氧化酵素，可以幫助人體提高免疫力，遠離疾病。

誰最需要天然酵素？

1．希望改善體質，增進健康及恢復健康的人。
2．免疫功能差，很容易感染疾病的人。
3．手術前後之病患。
4．產前產後的婦女。
5．肝臟功能不良容易疲勞的人。
6．神經衰弱，性能力失調的人。
7．先天性腸胃不好的人。
8．精神不振，經常性昏昏沉沉的人。
9．未老先衰，體弱多病的人。

10．患有各種不明疾病的半健康人。
11．喜好肉食主義，不喜蔬果偏食的人。
12．長年茹素，喜好清靜（可補充營養促進細胞安定）。

酵素能治病的六大種作用

1．調節體內環境

使體內血液呈弱鹼性，清除體內廢物，保持腸內細菌平衡，強化細胞、促進消化、加強自癒力，維持身體內環境的平衡。

2．抗炎作用

發炎是部分細胞受傷的部位，細菌築巢生長，治療發炎是酵素搬運白血球，使白血球功能良好，給予受傷的細胞力量。

3．抗菌作用

酵素可以促使白血球殺菌，本身具有抗菌作用能殺死細菌；另外也有促進細胞新生的作用。

4．分解作用

酵素的重要功能，可清除患處或血管中聚積的廢物，恢復正常功能，還可幫助消化、吸收食物。

5．淨化血液

把血液中的廢物排出體外，分解發炎病毒，分解造成酸性血液的膽固醇，使血液呈現弱鹼性，永保血液循環暢通。

6．細胞新生作用

能促進細胞的新陳代謝，增強體力，促使遭受破壞的細胞新生。

專家學者的證言

食物酵素是大自然的恩賜，可協助身體達到和諧狀態，整體健康改善，疾病自然遠離。（營養學博士——楊乃彥博士）

酵素具有排毒、解毒，提高身體免疫細胞防護功能。（台北醫學院教授——董大成博士）

酵素對癌症、內臟疾病及美容等，均有維護健康功能。（日本——藤本大三郎博士）

東方人愛吃熟食及大量的鹽，這些都會影響酵素的活性作用，所以東方比西方人更需要補充酵素。（美國生化及營養學——艾渥哈維爾博士）

酵素好比細胞的貨幣，沒有酵素就沒有生命。（1997年諾貝爾生化獎——波以爾博士）

植物性複合酵素與一般藥品的比較

項目	植物性複合酵素	一般藥品
1．治療法	根本治療	對症治療
2．速度	效果慢	效果快
3．使用量	沒有嚴格規定	有嚴格規定
4．副作用	沒有任何副作用	有很大副作用
5．過程	增強體力而後治癒好疾病	迅速消除症狀，藥效一中斷又恢復原狀
6．效果	雖然不是明顯地治好，會漸漸痊癒	症狀反覆，很難根治
7．連續使用	盡量長期使用	避免長期使用

8．適應症	適應症很廣泛	有一定限制的適應症
9．藥效範圍	藥效廣大，並連帶產生多種效果	被限制於單種疾病或範圍狹窄的病
10．併用	併用其他藥品無妨	併用其他藥品要慎重
11．毒性	完全沒有毒性	對細胞有強烈的毒性

使用酵素會有何反應？

酵素不同於藥品，它沒有副作用，好轉反應更是它的奇妙處！彷彿告訴您身體隱藏的痛就在這裡！有人對好轉反應懷著恐懼感，建議先以少量漸進方式，使反應現象降低，先接受再逐步加量食量；氣血循環不佳、高低血壓、心臟病、心臟動過手術、痛風、不健康的老人，可參照下表使用。

1．營養修正期

初期反應，因充分得到均衡營養或機能的調整，使新陳代謝活絡，故此時期會有精神好轉、體力增強、無倦怠感、皮膚恢復光澤等；有些人甚至幾天幾夜不成眠，卻無失眠無精打采的現象。

2．代謝排毒期

為使酸性代謝物及毒素排出體外，使體質由酸性回復原來的弱鹼性，會發生排便次數增加、尿色變濃；有人會發生皮膚搔癢、便祕、胃脹、排氣、排青糞等現象；婦女有經血代謝失常、不良者，會出現經期變長、經血變多情況，少數會出現經血不來現象，火氣增大；有人出現皮膚疹癢、嘴唇潰瘍、長青春痘或紅斑點小丘疹（皮膚排毒）；有眼屎、頭皮屑徒增或短暫發燒。

3．氣血活絡期

為打通氣血凝滯不通的經絡部分，會出現各種酸痛現象，若原有酸痛轉劇，甚至服用止痛劑亦無效，持續幾天至消失為止。

4．細胞再生期

細胞再生為酵素之最終目的，人體機能組織因細胞壞死，透過身體自然治癒力達到細胞再生，會感到精神倦怠、愛睏。

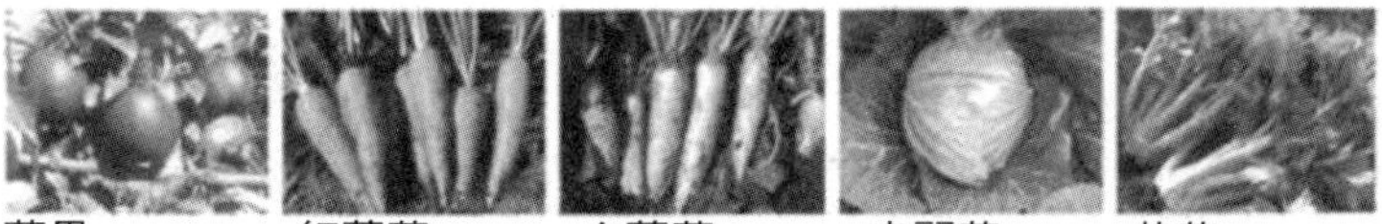

蘋果　紅蘿蔔　白蘿蔔　高麗菜　芹菜

小黃瓜　香蕉　洋蔥　牛蒡　菠菜

梨子　橘子皮、橙皮　番茄　青椒　綠豆芽

茄子　蓮藕　南瓜　生香菇　生薑

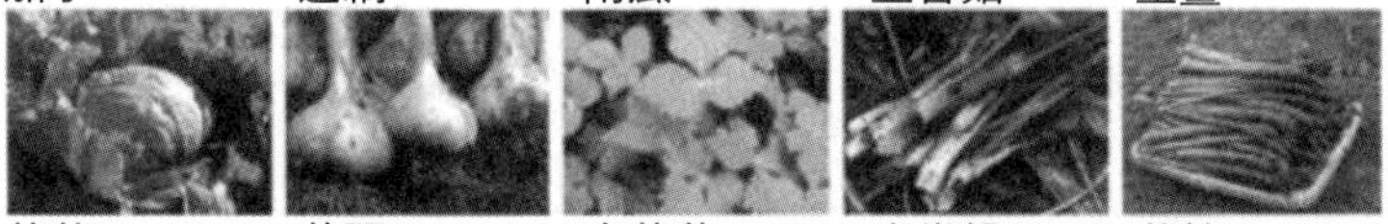

萵苣　蒜頭　山芹菜　土當歸　蘆筍

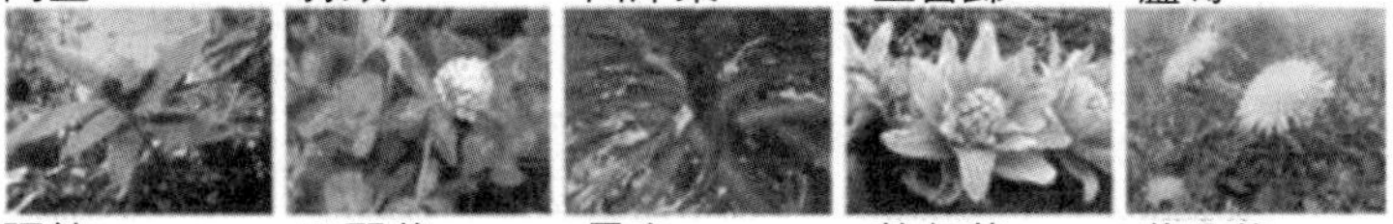

隈笹　三野草　昆布　款冬花　蒲公英

車前草　豌豆芽　杉菜　香芹　蕪菁

鳳梨　葡萄　草莓　虎杖　絲蔥

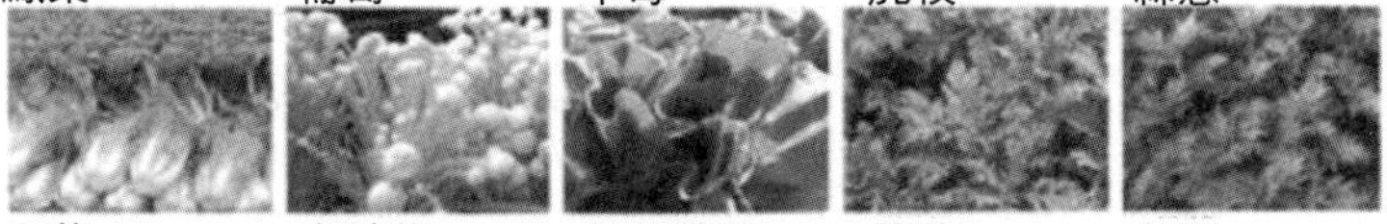

白菜　金針菇　包心萵苣　茼蒿　艾草

水芹菜　韭菜　冷杉葉　青紫蘇　裙帶菜

四　拯救視力的新寵——葉黃素（Lutein）

過去我們一直以為視網膜內的「視紫（Rhodopsin）」是影響視力的最重要的物質，而視紫是由維生素A組成，因此補充維生素A成為改善視力理所當然的營養素。直到視網膜中央區的黃斑部被完全了解，才知道黃斑部是由一層黃色色素「葉黃素」所覆蓋，因為是黃色所以才稱之為黃斑部。

葉黃素是一種很強的抗氧化營養素，能保護眼睛避免受自由基的攻擊而使眼睛退化老化。白內障、青光眼、飛蚊症、視覺扭曲變形等症狀，都和黃斑部病變有關，但光補充維生素A是無法改善這些問題。

眼睛要藉由光線的幫忙，才能讓物體成像在視網膜上，而黃斑部又是正對著瞳孔，是視網膜最主要的成像構造。陽光中的藍光和螢幕散發出的幅射，都會破壞視網膜上的視紫而影響視力，黃斑部上的葉黃素扮演類似過濾藍光的黃色太陽眼鏡角色，保護其下面的感光細胞，免受陽光及氧化的破壞。視網膜受到自由基的攻擊產生的氧化物是導致白內障、青光眼、飛蚊症的成因。CNN世界新聞報導：「Lutein的發明每年可救回一千萬人以上的視力！」讓眼睛復甦的神奇植物成分——葉黃素。葉黃素受世人的重視可見一斑。

葉黃素存在於綠色植物之中，但人體內不能自行合成，所以剛出生嬰兒的眼睛內是找不到葉黃素；攝取綠色蔬菜是最容易取得葉黃素的方法，但由於烹煮的過程中葉黃素容易破壞殆盡，因此利用萃取方式取得葉黃素做為補充的方式，已成為現代人必要的攝取行為。

據衛生署公告，一般人每日對葉黃素的需求量是5毫克，一般食品添加量每日以30毫克為限，因此目前市面上產品都以30毫克為服用最上限。玉米黃質素和葉黃素是同分異構體，玉米黃質素和葉黃素也同存在黃斑部和綠色植物內，但玉米黃質素的含量較少，衛生署對玉米黃質素的食用量限制為每日1毫克為上限。

哪些眼睛疾病特別需要補充葉黃素：

1、白內障的病人特別需要補充葉黃素，經常曝曬於陽光下的人和糖尿病人最容易引起白內障，原因是因太陽的藍光和體內自由基侵犯眼球內水晶體而導致水晶體混濁引起白內障；葉黃素可以消除水晶體內的自由基降低引起白內障的風險。

2、青光眼：青光眼是眼壓過高引起，眼球內的代謝廢棄物過多堵住眼球排泄路徑是常見的原因，過多的自由基是造成廢棄代謝物的主因，葉黃素能有效的降低眼球內的自由基。配合銀杏治療能加速眼球內的廢棄物的排除。

3、飛蚊症：常見的飛蚊症大都是自由基引起大塊的廢棄物剛好跑到視角處才能看到，時而有時而無的困擾視覺，服用葉黃素能很快解決問題。

4、近視和老化：近視前因大都是因進入視網膜的光線不足，視網膜的感光不靈敏而迫使眼球曲度變大來增加進光量，因而近視產生；葉黃素能避免視網膜感光細胞被破壞而增加靈敏度，減少眼球過度用力，而達到預防近視的效果，但對已經近視的患者只能達到緩和惡化效果而不能治療。老化的成因是年齡的因素，年紀40歲以後老花眼開始產生，葉黃素的抗氧化能力減緩細胞的老化，但歲月總是會留下痕跡，葉黃素只能延緩但還無法阻止老花眼的形成。

5、眼睛疲勞酸澀等問題葉黃素都能快速消除這些症狀。

所有的抗自由基物質都能取代葉黃素的抗自由基效果嗎？

並不是所有的抗自由基物質都能進入眼球細胞內，目前已知只有葉黃素、玉米黃質素和維生素類如維生素A、維生素E、維生素B群等能進入眼球內，也具有抗自由基效果，眼睛的新陳代謝也需要這些營養素。而其他如葡萄子、茄紅素、多酚類等抗自由基物質，是無法進去眼球內取代葉黃素的效果。

五　木寡糖

木寡糖（xylooligosaccharide）又稱木聚寡糖、低聚木糖，係指由2～10個木糖（xylose）以糖苷鍵連接而成之寡糖（oligosaccharide）的總稱，是近年來新發現具有益生性的一種低消化性（low-digestion）寡糖。

緣起

科學家在分解植物纖維的過程當中，發現木寡糖（Xylooligosaccharides，簡稱XOS），木寡糖是五碳醣的單醣結構（寡糖都是以六碳醣單醣組成），因此，除了木寡糖外，其他所有的寡糖在被腸道益菌利用的過程中，都有升高血糖的風險。木寡糖原料來源大部分是農產品廢料（如稻桿、麥桿、蔗渣、玉米芯……）成本不高，來源容易，但以目前提煉尚有較高的技術門檻（成本與量產的考慮），未來可望成綠色革命的重要明星，被稱為21世紀「新糖」。

木寡糖的保健奧祕

人體腸道及體表棲息著數以億計的細菌，其種類多達400餘種，重達兩公斤。這當中有對人有害的，被人們稱為有害菌；有對人有益的，被稱為益生菌；也有介於二者之間的條件致病菌，即在一定條件下會導致人體生病的細菌，人體內的益生菌主要有乳酸菌、雙歧桿菌等。

科學研究證實，益生菌在腸道的大量繁殖，可以治療因大量使用抗生素而導致的偽膜性腸炎；治療便祕和慢性腹瀉；保護肝臟；防治高血壓和動脈硬化以及抗衰老、降低血清膽固醇、預防癌症和抑制腫瘤生長的作用。

木寡糖是聚合糖類中增殖雙歧桿菌功能最強的品種之一，它的功效性是其他寡糖類的近20倍，人體胃腸道內沒有水解木寡糖的酶，所以其可直接進入大腸內優先為雙歧桿菌所利用，促進雙歧桿菌增殖同時產生多種有機酸。降低腸道PH值，抑制有害菌生長，使益生菌在腸道大量增殖，達到上述的保健功效，這就是木寡糖的保健奧祕所在。

研究顯示，每天口服0.7g的95%木寡糖粉，兩週後大腸雙歧桿菌的比例從8.9%增加到17.9%；每天口服1.4g的95%木寡糖粉，一週後大腸雙歧桿菌的比例從9%增加到33%；每天口服3.5g，兩週後大腸雙歧桿菌的比例從3.7%增加到21.7%。從上述資料中可以看出，木寡糖可以顯著的使雙歧桿菌大量增殖，進而達到使益生菌成為腸道優勢菌種，排除有害菌的目的。

95％木寡糖粉特別適於孕婦嬰幼兒與老年人便祕與腸道保養，能減少腸道有毒發酵產物及有害細菌酶的產生；抑制病原菌和腹瀉；防止便祕；促進機體生成B族維生素等多種營養物質。

木寡糖的特性

1．調整腸道菌叢生態、防止便祕&軟便（雙向調節功能）：

木寡糖可做為體內比菲德氏菌、嗜乳酸桿菌等益菌生長繁殖的養料，進而壓抑有害菌種的生存空間，促成腸道菌叢生態健全，刺激腸道蠕動。

比菲德氏菌（bifidobacterium adolescentis）

木寡糖吸濕能力強，能增加糞便濕潤度，維持腸壁與糞便之間的滲透壓平衡，從而防止便祕發生。

2．保護肝臟：

比菲德氏菌利用木寡糖，產生腸道健康環境，可增加營養的吸收效率，並減少腸道有害毒素的產出，進而降低肝臟分解毒素的負擔，延緩老化、維持免疫機能、減少腸道

生長惡性腫瘤的危險。

3．控制血脂肪、降血壓：

和膳食纖維一樣，木寡糖也有助於血膽固醇的控制。其生理機制與膳食纖維類似，能與膽酸及膽鹽結合而將其排除於體外，防止再吸收，體內就會促進膽固醇在肝臟進行氧化作用產生膽酸，降低血膽固醇濃度。

4．有甜味卻沒有精緻糖的壞處：

木寡糖的甜度約為蔗糖的50％，口感及風味與蔗糖近似，但不像蔗糖會被口腔中的細菌利用，產生酸性物質侵蝕牙齒，因此不會造成蛀牙。

人體無法有效分解木寡糖，因此幾乎不會產生任何熱量，也不會對血糖值與胰島素的分泌有任何的影響，故被當成低熱量或糖尿病人的甜味劑使用。精緻糖會促成中性脂肪的上昇，木寡糖卻有促進血脂肪下降的效果。

5．增加礦物質吸收率：

膳食纖維的缺點是抑制礦物質吸收，但木寡糖卻可促進礦物質的吸收。因為木寡糖經腸道益菌利用後可以促成利於礦物質吸收的腸道環境，尤其是鈣、鎂等巨量礦物質。

6．預防大腸、結腸&直腸癌，延遲老化：

醫學研究證實，食用寡糖有助於改善慢性病症狀、預防癌症、防止老化等，主要因為寡糖可使人體消化道菌叢生態正常化。1991年在比菲德氏菌（Bifidobacteria Microflora）期刊上所發表的報告指出，老年人連續食用木寡糖一段時間後，腸道的比菲德氏菌及乳酸桿菌數量增加，並且可偵測到天然的抗生物質產生，而有害菌如大腸桿菌和產氣莢膜桿菌的數量都顯著的減少，因此便祕或下痢的情形獲得改善，其糞便中的毒性物質含量也明顯下降。

比菲德氏菌做為腸道中有益菌的代表者之主要功能為：

A．比菲德氏菌可在腸道中合成蛋白質，以及人所必需的維他命B群、維他命K、葉酸、菸鹼酸……等。

B．比菲德氏菌能促進腸道蠕動，因此可預防與治療軟便、便祕等毛病。所有吸食母乳的嬰孩或剛出生的小動物，其腸道中均存在大數量的比菲德氏菌。

C．比菲德氏菌提高動物免疫力，因而能抵禦病原菌的感染。凡具有肝炎、肝硬化、慢性腎炎及癌症患者，或便祕症、感冒、疫苗接種、放射線治療等場合，動物腸道中的細菌群即產生變化。其狀況顯示比菲德氏菌減少，大腸桿菌、鏈球菌以及產氣莢膜梭菌等大量增加。故要維持動物或人類的健康，有必要讓比菲德氏菌等

有益菌能具有絕對的生長優勢，以提高動物免疫力，因而能抵禦病原菌的感染。

7．酸、熱穩定性佳：

木寡糖與其他寡糖相比，對酸、熱穩定性非常好，即使在酸、鹼性條件（PH＝2.5～8）加熱至100℃也不會分解。這使得其應用在各類製程中添加都不影響最終產品的功效成分和保健功能。

8．木寡糖優於其他寡糖：

品質好的木寡糖成分主要為木二糖、木三糖、木四糖，約佔總糖的75％，其餘才是木五糖、木六糖、木七糖，此亦為比菲德氏菌對木寡糖98％的利用率遠大於其他寡糖的原因之一，所以木寡糖的有效用量極低。根據日本學者（1989）在一般健康人的身上觀察到，每日只要0.7公克木寡糖，即有促進比菲德氏菌增生的效果，是所有寡糖中有效劑量最少的。

木寡糖與其他寡糖每日有效劑量比較表：

糖類	有效劑量	腸胃耐受量	糖類	有效劑量	腸胃耐受量
木寡糖	0.7～1.4g	15g	大豆寡糖	3.0～10g	10～15g
果寡糖	5.0～20g	15～20g	異麥芽寡糖	15.0～20g	15～20g
半乳寡糖	8.0～10g	10～15g	棉子糖	5.0～10g	10～15g
乳酮糖	3.0～5.0g	5g	乳果寡糖	3.0～6.0g	5～10g

誰需要木寡糖？

社會生態不斷變化，腸道弱化情況日益嚴重，飲食、運動、睡眠習慣、工作壓力的調整，皆有助腸道健康的改善。

現代人運動量不足，是排便不順的主因之一，木寡糖的持續補充可改善排便不順的困擾。

木寡糖對銀髮族、孕婦、上班族、網路夜貓一族、小朋友、長期臥病者、愛漂亮一族、沒時間運動族……等，都有顯著的效果。

木寡糖要怎麼吃？一天要吃多少？

木寡糖是天然食品，可加在飲用水，各式飲料中食用，食後多補充水分。

木寡糖對人體腸道益生菌（尤其是比菲德氏菌系）而言，是使用效率極高的營養源，人體一天1～2克即足夠讓比菲德氏菌系維持在高峰狀態。

吃了木寡糖人體有何反應？

一般人食用木寡糖3～4天即可感覺到體內的反應：排氣（放屁）臭味少了，或沒有臭味了，排便漸順暢，使用馬桶的時間少了，糞便顏色漸漸轉為較健康的黃綠色。

木寡糖是藥還是食品？木寡糖很貴？

木寡糖不是藥，是一種天然的機能性食品。

木寡糖常常因被製造成類似醫藥的膠囊而被誤導為解除便祕的醫藥品，其實木寡糖不是藥品，是人體內比菲德氏菌的營養料，可改變腸道內有益菌叢態，但木寡糖不是醫藥，它只是一種天然的機能性食品。

木寡糖和果寡糖有什麼不同？

1．單糖體的不同。木寡糖為2～10個木糖聚合起來的寡糖。果寡糖則是2～10個果糖聚合起來的寡糖。

2．熱量不同。木寡糖不會被人體的自體酵素分解吸收，因此熱量幾乎為零。果寡糖會被人體的自體酵素分解吸收，並且會參與熱量代謝循環，因此會產生熱量（會胖啦！）。

3．血糖生成指數（GI）不同。木寡糖因為不會被人體吸收，無造成血糖升高之疑慮。果寡糖分解成果糖被人體吸收後，GI約為葡萄糖的20%。

4．益生效果的不同。木寡糖促進益菌生長的選擇性相當高，益生效果（促進益菌生長的效果）約為果寡糖的10倍。換言之，要產生相同數量的益菌，木寡糖只要一份，果寡糖要用10份。（其他9份的果寡糖跑哪去了？變成熱量或是——幫助壞菌生長去了！）

木糖醇和木寡糖是一樣的嗎？糖尿病人可以吃嗎？

木糖醇xylitol不是糖，木糖醇是單糖，是一種提煉自玉米的天然代糖，熱量低，可用來減重，但大量食用可能會拉肚子或腸絞痛，且吃多仍會發胖。木糖醇有抑菌效果，甚至可以當食物防腐劑用，所以可以防蛀牙，因為會抑制口腔酸化的細菌生長。木糖醇與木寡糖對人體而言都不會升高血糖，因此糖尿病人都可以吃。

六 蜆萃取粉

蜆是古老的養肝補品，本草綱目中記載：「蜆，主治開胃、壓丹石藥毒、去暴熱、明目、利小便、解酒毒、治目黃」。目前蜆湯已經被民間視為珍貴重要的保肝良品，對於操勞過度肝病或長期飲酒應酬者，素以蜆湯為良好的營養補品。

營養物質

維他命E、硒、膽鹼、氨基酸、肝醣、蛋白質與酵素之外，還包括大量的鋅。

蜆最特殊有利身體健康，有三點：

1、得天獨厚的擁有大量元素。

2、完美的蛋白：它的蛋白價經聯合國FAO機構評定為100（即完美蛋白），其他被視為高蛋白的食物如牛肉80、牛奶74、黃豆56、蜆在這方面可說是『鶴立雞群』了。完美蛋白的意義是吸收快速而完全。

3、完美的鈣磷比：鈣磷含量約為三比一的理想比例，能有效的被吸收利用。最合乎人體吸收。其餘含量亦豐富的有機鋅、鈷、DHA皆為有益人體元素。

鋅的功效

1、促進身體的免疫能力、預防感冒的產生，促進精神的敏銳程度。

2、促進蛋白質的生合成，在有充足的蛋白質時，可促進肌肉的生長。可增強體力、恢復精神的效果。

蜆特色

1、蜆中含有人體所需的八種必需氨基酸組成比例平衡，為人體所需之理想蛋白質。

2、蜆中蛋白質的被消化吸收率也＞90％，表示蜆含有的理想蛋白質可充分被人體利用。

3、蜆中並含有高量的牛磺酸，此與構成魚、貝類美味成分的氨基酸屬同類，它可促進食慾，協助肝臟分泌膽汁，提高小腸對食物的消化吸收能力。

4、能有效延緩肝功能指數：根據中華民國營養學雜誌今年三月份所公布的一項最新研究發現，在對患有酒精性肝炎的實驗中，蜆能有效延緩肝功能指數，尤其是血脂肪部分，總膽固醇能降低12.8％、GOT、GPT分別調降至2.2-2.5倍。

各項臨床研究

1、1980年日本醫學博士森下敬一先生所針對服用蜆萃取物對肝病效果，調查共853人有效

率達82％。

2、1982年日本大阪大學及近畿大學由岩村淳一等七人所作之動物實驗，證實蜆萃取物有抑制脂防肝，防止GOP、GTP上升及減少肝細胞壞死等功效。

3、1994年國立海洋大學鞏瑞林教授以6年時間做動物實驗，發現蜆萃取物中的醣蛋白有抑制腫癌效果，又以肝癌最為顯著。

4、1999年林志生博士證實以小白鼠和豬餵以酒精和CCL4四氯化碳做活體實驗，證實蜆萃取物有降低豬血脂防，即降低小白鼠GOP、GTP的效果。

5、陳長堅短期連續灌食蜆粉或蜆精對四氯化碳誘發之肝障害大白鼠脂質過氧化的影響。實驗結果發現在第24小時和第48小時，蜆粉組則明顯降低血漿TBARS（酸反應物質）值。此外，蜆精及肝醣組會顯著提高肝臟還原型glutathione（GSH）含量及GSH/GSSG比例，並降低血漿總膽紅素（total bilirubin）濃度。

主要功效

一、解酒、保肝：

1、蜆富含維生素B_2、B_6與B_{12}，正可補足受損肝細胞所流失的維生素，其中尤以維生素B_{12}最為重要；因為缺乏這種維生素不僅受損肝細胞修補不易，引起消化不良與貧血，嚴重者還會導致神經系統的障礙。

根據研究，一項由從動物飲用蜆萃取物（概稱蜆精）對體內膽固醇代謝之影響試驗結果顯示，使用蜆萃取的小鼠血液中HDL濃度，較沒餵飼之小鼠增加約60％，值得注意的是，蜆精的膽固醇含量非常低，一百毫升蜆精的膽固醇含量僅約二至四毫克，由此可知蜆精是提升動物體內HDL濃度之機制，非源於蜆萃取之膽固醇組成。

既知膽固醇的代謝主要在肝臟中進行，特別是好的膽固醇，因此使用蜆萃取以健全肝功能似乎是影響體內血液中HDL提升的原因之一；血液中HDL的增加，可以加速對膽固醇從動脈管壁的清除，且能與低密度脂蛋白膽固醇（LDL，壞的膽固醇）競爭，抑制LDL在血管壁上的沈積，進而防治動脈硬化的發生。

二、胎兒腦部發育：

蜆還含有豐富的膽鹼，就中醫的觀點，適量的膽鹼可有效防止肝癌與肝硬化，另外著名的Science科學期刊也刊載膽鹼對於胎兒與新生兒腦部發育影響的重要性，因此建議懷孕或哺乳期的婦女每日攝入550mg膽鹼。

三、對抗皮膚衰老

隨著年齡的增長，人體細胞新生的速度減緩，加上皮膚保水性降低，臉上的小細紋

形成。補充富含蛋白質與鋅的食物，可使皮膚恢復生機。

四、增強體力、恢復精神

鋅可以促進身體的免疫能力、預防感冒的產生，促進精神的敏銳程度。加上鋅可以促進蛋白質的生合成，也就是在充足的蛋白質時，可促進肌肉的生長。因此會有增強體力、恢復精神的效果出現。

五、增加「百萬雄兵」的戰力

- 男人最在乎的還是性能力，擁有「千百力」、就等於擁有幸福的權利。
- 「精子」的成分，除了有維他命E、硒、蛋白質與酵素之外，還包括大量的鋅。
- 人體鋅含量過低，與男性性慾不振、不孕症有關。因此補充富含蛋白質與鋅，可以協助精子的製造、增加性慾。效果顯著。

保肝建議配方：蜆精＋桑黃子實體萃取 25%+薑黃萃取

七 牡蠣萃取粉

牡蠣在中醫論點性味是屬於性平偏涼、味甘鹹，具滋陰養血、清熱解毒、調中美膚的功效。就營養學的觀點來說，牡蠣富含蛋白質與鋅。因此就男女族群而言，都是非常適用的，只是目的會有所不同。

隨著年齡的增長，人體細胞新生的速度減緩，這樣的狀況對皮膚而言尤其明顯。皮膚淘汰換新不順，加上皮膚保水性降低，臉上的小細紋紛紛浮出檯面，變成主流惡勢力，破壞美麗的肌膚。補充富含蛋白質與鋅的食物，可使皮膚恢復生機。

營養物質

維他命E、硒、膽鹼、氨基酸、肝醣、蛋白質與酵素之外，還包括大量的鋅。

鋅的功效

1、可以促進身體的免疫能力、預防感冒的產生，促進精神的敏銳程度。

2、可以促進蛋白質的生合成，也就是在有充足的蛋白質時，可促進肌肉的生長。因此會有增強體力、恢復精神的效果出現。

牡蠣特色

1、牡蠣中含有人體所需的八種必需氨基酸組成比例平衡，為人體所需之理想蛋白質。

2、牡蠣中蛋白質的被消化吸收率也大於90表示牡蠣含有的理想蛋白質可充分被人體利用。

3、牡蠣中並含有高量的牛磺酸，此與構成魚、貝類美味成分的氨基酸屬同類，它可促進食慾，協助肝臟分泌膽汁，提高小腸對食物的消化吸收能力。

4、能有效延緩肝功能指數：根據中華民國營養學雜誌今年三月份所公布的一項最新研究發現，在對患有酒精性肝炎的實驗豬隻中，牡蠣能有效延緩肝功能指數，尤其是血脂肪部分，總膽固醇能降低12.8%、GOT、GPT分別調至2.2-2.5倍。

主要功效

一、解酒、保肝

1、牡蠣富含維生素B_2、B_6與B_{12}，正可補足受損肝細胞所流失的維生素，其中尤以維生素B_{12}最為重要；因為缺乏這種維生素不僅受損肝細胞修補不易，引起消化不良與貧血，嚴重者還會導致神經系統的障礙。

2、牡蠣還含有豐富的膽鹼，就中醫的觀點，適量的膽鹼可有效防止肝癌與肝硬化，另外著名的Science科學期刊也刊載膽鹼對於胎兒與新生兒腦部發育影響的重要性，因此建議懷孕或哺乳期的婦女每日攝入550mg膽鹼。

二、對抗皮膚衰老

隨著年齡的增長，人體細胞新生的速度減緩，加上皮膚保水性降低，臉上的小細紋形成。補充富含蛋白質與鋅的食物，可使皮膚恢復生機。

三、增強體力、恢復精神

鋅可以促進身體的免疫能力、預防感冒的產生，促進精神的敏銳程度。加上鋅可以促進蛋白質的生合成，也就是在有充足的蛋白質時，可促進肌肉的生長。因此會有增強體力、恢復精神的效果出現。

四、增加「百萬雄兵」的戰力

- 男人最在乎的還是性能力，擁有「千百力」、就等於擁有幸福的權利。
- 「精子」的成分，除了有維他命E、硒、蛋白質與酵素之外，還包括大量的鋅。
- 人體鋅含量過低，與男性性慾不振、不孕症有關。因此補充富含蛋白質與鋅，可以協助精子的製造、增加性慾。

【各項臨床研究】

1、1980年日本醫學博士森下敬一先生所針對服用牡蠣萃取物對肝病效果，調查共853人有效率達82%。

2、1982年日本大阪大學及近畿大學由岩村淳一等七人所作之動物實驗，證實牡蠣萃取物有抑制脂肪肝，防止GOP、GTP上升及減少肝細胞壞死等功效。

3、1994年國立海洋大學鞏瑞林教授以6年時間做動物實驗，發現牡蠣萃取物中的醣蛋白有抑制腫瘤效果，又以肝癌最為顯著。

4、1999年林志生博士證實以小白鼠和豬餵以酒精和CCL4四氯化碳做活體實驗，證實牡蠣萃取物有降低豬血脂肪，即降低小白鼠GOP、GTP的效果，效果顯著。

八

力而美葡萄醣胺＋軟骨素

認識關節與關節炎（退化）

◎任何族群40％—60％的人都曾受骨關節炎所苦。依統計40歲以下有2％、40—65歲有30％、65—75歲有65—85％、75歲以上幾乎高達100％。（各年齡層的女性患有關節炎的比例為男性的2倍。）

◎人體骨骼的基礎架構由頭骨、軀幹骨及四肢所構成。其骨骼間之相連處皆由柔軟的軟骨及滑液所保護著，才能夠自由的活動筋骨。但隨著人口的老化，使得骨質疏鬆及退化性關節炎日益嚴重，影響病人的生活及正常活動。相對的，補充及保養軟骨質及關節腔內的滑液就顯得極為重要。

◎骨關節腔的膠狀組織（軟骨）含有約65—80％的滑液。因隨著年齡增長、機能退化、組織老化等因素，骨頭間的軟骨與滑液漸漸的缺乏及減少，再加上日常生活中骨頭上的震動及磨損、變乾、使用關節腔的骨頭摩擦一起而引發疼痛發炎及變形（稱為退化性關節疾病）。

◎健康的關節腔內之三項重要物質：

1、作為潤滑緩衝和滋長的滑液（水份）

2、吸收並保存滑液的軟骨的蛋白多醣

3、固定蛋白多醣在良好位置的外膠質

功能與作用

《葡萄醣胺（Glucosamine）》

1、可刺激軟骨組織及滑液的重建工作，亦能促進軟骨組織的新陳代謝，藉此可重建關節內軟骨質及水份，以降低關節因退化所產生的疼痛、腫脹及長久性壓迫後的變形。

2、刺激關節軟骨及滑液的重建。

3、提供關節軟骨及滑液的營養。

4、改善及增加關節腔內的蛋白多醣體成分。

5、促進退化之軟骨再生。

《軟骨素（Chondroitin）》

直接補充軟骨素可與葡萄醣胺產生加乘之效果。且軟骨素為一交錯物質，可以如容器般的含住關節內的滑液，防止滑液快速的流失。

美國骨科協會 Dr. Jason Theodosakis 及 Dr. Barry Fox 在醫學文獻中提到葡萄醣胺

（Glucosamine）及軟骨素（Chondroitin）要合併服用才有更加的效果。

原因：服用葡萄醣胺能促進蛋白多醣（Proteoglycans）生成，而軟骨素使蛋白多醣能把滑液吸住，並留在軟骨中。

國家圖書館出版品預行編目資料

維他命吃對了才健康／胡建夫著.
－－第一版－－ 臺北市：知青頻道出版；
紅螞蟻圖書發行，2011.3
面　　公分－－（Health Experts；1）
ISBN 978-986-6276-64-4（平裝）

1.維生素 2.健康食品 3.營養

411.3　　100003285

Health Experts 01

維他命吃對了才健康

作　　者／胡建夫
美術構成／Chris' office
校　　對／鍾佳穎、朱慧蒨、楊安妮
發 行 人／賴秀珍
榮譽總監／張錦基
總 編 輯／何南輝
出　　版／知青頻道出版有限公司
發　　行／紅螞蟻圖書有限公司
地　　址／台北市內湖區舊宗路二段121巷28號4F
網　　站／www.e-redant.com
郵撥帳號／1604621-1　紅螞蟻圖書有限公司
電　　話／(02)2795-3656（代表號）
傳　　真／(02)2795-4100
登 記 證／局版北市業字第796號
港澳總經銷／和平圖書有限公司
地　　址／香港柴灣嘉業街12號百樂門大廈17F
電　　話／(852)2804-6687
法律顧問／許晏賓律師
印 刷 廠／鴻運彩色印刷有限公司
出版日期／2011年 3 月　第一版第一刷

定價 240 元　港幣 80 元

ISBN 978-986-6276-64-4　　Printed in Taiwan